INVENTAIRE
15927

AF338125

Recueil pour servir aux

ARCHIVES

DU

COMITÉ OU CHAMBRE SYNDICALE

DES FILATEURS DE COTON

DE LILLE

Quelques Rapports et Documents par M. Henri LOYER.

LILLE

IMPRIMERIE CAMILLE ROBBE, RUE NOTRE-DAME, 209

1873

248

15927

V

RECUEIL POUR SERVIR

AUX

ARCHIVES DU COMITÉ OU CHAMBRE SYNDICALE

DES FILATEURS DE COTON DE LILLE

Recueil pour servir aux

ARCHIVES

DU

COMITÉ OU CHAMBRE SYNDICALE

DES FILATEURS DE COTON

DE LILLE

Quelques Rapports et Documents par M. Henri LOYER.

LILLE

IMPRIMERIE CAMILLE ROBBE, RUE NOTRE-DAME, 209

1873

Une nation n'est pas autre chose qu'une nombreuse famille, qui ne peut vivre et s'enrichir
que par le travail. Si elle achète chez son voisin,
à n'importe quel prix, un objet qu'elle peut produire elle-même, sans restreindre ou négliger
ses autres travaux, elle s'appauvrit de la somme
qu'elle donne en échange du produit acheté.
Telle est la seule vérité en fait de libre-échange.

Le Comité électif, ou Chambre syndicale, ayant pour mission spéciale de défendre les intérêts de l'industrie de la Filature de Coton de Lille, existe depuis 1824.

De 1824 à 1848, Messieurs Mimerel, Delesalle-Desmedt et Bonami Defrenne, présidèrent successivement les réunions du Comité, ainsi que les assemblées générales des Filateurs.

Lors de la révolution de 1848, sous l'administration de M. Delescluse, Commissaire général de la République, M. Bonami Defrenne qui s'était rendu à la Préfecture, pour s'entretenir avec ce fonctionnaire de différentes questions industrielles, fut, en le quittant, l'objet d'une manifestation hostile de la part d'un certain nombre d'ouvriers. A la suite de cet incident regrettable, M. Defrenne donna sa démission de Président de la Chambre syndicale, et celle-ci cessa de se réunir.

Les ouvriers se trouvèrent alors momentanément privés de l'intermédiaire bienveillant et éclairé de la Chambre syndicale, qui, d'ordinaire, se faisait l'interprète de leurs vœux et de leurs aspirations, devant les assemblées générales des Filateurs.

Le Préfet du Nord qui succéda à M. Delescluse comprit les conséquences de la dissolution du Comité, et sollicita le concours du Maire de Lille pour inviter les Filateurs à le reconstituer.

Des élections eurent lieu à l'Hôtel-de-Ville.

Le nouveau Président et le nouveau Secrétaire furent appelés à la Préfecture, à la Mairie et au Conseil des Prud'hommes, pour donner leur avis sur les mesures à prendre dans l'intérêt commun des patrons et des ouvriers.

A cette époque d'effervescence populaire, les travaux de la Chambre syndicale étaient nombreux et souvent difficiles.

En 1849, le calme se rétablit dans les esprits et dans les ateliers de Lille, et en 1850, 1851, 1852, la Filature de coton put participer à une prospérité et à une activité jusque-là sans exemple.

Quatre élections principales ont eu lieu depuis 1848. Voici les nominations qui en sont résultées :

Élection de 1848.

MM. DEGRIMONPONT, *Président.*
ACHILLE WALLAERT, *Vice-Président.*
HENRI LOYER, *Secrétaire.*
COX, *Trésorier.*
BOUTRY-FLAMEN,
DESMEDT-WALLAERT,
LOUIS DESMONS,
MALLET Père,
AUGUSTE MILLE,
VERNIER,
} *Membres.*

Election de 1856.

MM. ACHILLE WALLAERT, *Président.*
HENRI LOYER, *Vice-Président.*
PREVOST-DEGRIMONPONT, *Secrétaire.*
COX, *Trésorier.*
BOUTRY-FLAMEN,
GUSTAVE DELESALLE,
MALLET Père,
AUGUSTE MILLE,
SCHOUTTETEN Père.
} *Membres.*

Election de 1868.

MM. Achille WALLAERT, *Président.*
Henri LOYER, *Vice-Président.*
Alfred DELESALLE, *Secrétaire.*
COX, *Trésorier.*
Théodore BARROIS,
DELEBART-MALLET,
Jules SCHOUTTETEN Fils,
Alfred THIRIEZ,
Auguste WALLAERT Fils,
} *Membres.*

Election de 1872.

MM. Henri LOYER, *Président.*
Alfred DELESALLE, *Vice-Président.*
Jules SCHOUTTETEN, *Secrétaire.*
COX, *Trésorier.*
Théodore BARROIS,
Julien LEBLAN,
Jules LEFEBVRE,
Alfred THIRIEZ,
Auguste WALLAERT,
} *Membres.*

Plusieurs Membres du Comité, ayant à différentes reprises (et tout récemment encore) exprimé le regret de ne point avoir d'*Archives*, j'ai cru réaliser cette idée en leur offrant ce recueil destiné à servir de premier jalon.

C'est donc dans l'espoir d'être agréable à mes Collègues que j'ai réuni, ceux de mes rapports qui ont été reproduits dans les 5e, 6e, 7e, 8e et 9e volumes des Archives de la Chambre de commerce de Lille, à laquelle j'ai appartenu pendant vingt ans et que j'ai quittée peu de temps avant ma nomination de Président du Comité. Au reste, en ce qui concerne l'industrie de la Filature de coton, de précieux éléments de défense m'ont été souvent fournis par mes collègues du Comité cotonnier.

Les rapports dont il s'agit renferment divers renseignements statistiques et historiques qui pourront peut-être, dans l'avenir, avoir quelque utilité pour notre industrie.

Je commence ce recueil par un *Règlement* que la Chambre syndicale m'avait chargé d'élaborer dans un moment d'agitation. Sous la République de 1848-49, ce règlement contribua au maintien de la bonne harmonie entre les patrons et les ouvriers.

Une *Adresse* que je fais également figurer dans ce recueil, à son ordre de date, constitue, pour moi, le souvenir le plus agréable de ma carrière industrielle. La démarche que voulurent bien faire, en 1854, mes Collègues du Comité, pour me remettre ce témoignage de leur bienveillance, me toucha profondément.

M. Kuhlmann, qui a présidé si longtemps la Chambre de commerce de Lille, avec une haute intelligence et un inaltérable dévouement, me demandait souvent de lui faire connaître l'opinion du Comité. Il m'autorisait même à communiquer les correspondances, quand il s'agissait de questions concernant la filature de coton.

Je pensais alors comme aujourd'hui que le Comité ne pouvait renseigner sérieusement la Chambre de commerce, qu'après avoir pris connaissance de la correspondance ministérielle, où il trouvait indiquées avec précision, tantôt les plaintes du tissage, auxquelles il s'agissait de répondre, tantôt les réformes projetées, sur lesquelles on désirait avoir son avis.

D'un autre côté, j'ai toujours été heureux de pouvoir partager avec des hommes spéciaux la responsabilité morale qui m'incombait ; aussi ai-je rarement manqué, avant de déposer mes rapports, d'en donner communication soit au Comité réuni, soit à son Président M. Degrimonpont, et plus tard M. Achille Wallaert.

Ainsi, la Chambre de commerce et le Comité cotonnier, réunissant leurs lumières, se complétaient l'une par l'autre, et cela seul prouve qu'il est fort utile que toutes nos grandes industries aient leur Chambre syndicale particulière, bien que chaque spécialité soit représentée dans la Chambre de commerce, par un ou plusieurs membres. Au reste, chaque fois que l'industrie cotonnière a couru des dangers sérieux, des délégués de notre Comité électif ont été appelés à assister aux séances de la Chambre de commerce, pour produire devant elle des renseignements ou pour formuler des vœux.

De plus, le Comité se trouvant organisé et par conséquent toujours prêt à fonctionner, a cru devoir, quand cela lui a paru utile, ou urgent, adresser directement ses doléances aux députés, aux ministres et même au chef de l'Etat. Ces correspondances directes admettent une liberté, une énergie de langage, qui ne sauraient être acceptées, venant d'un corps constitué, mais qu'on tolère de la part d'un groupe d'industriels indépendants.

L'histoire du Comité en est une continuelle preuve Les industriels ont eu souvent raison de s'alarmer, au double point de vue de leurs intérêts et des moyens d'existence de la classe ouvrière, lorsque des mesures nouvelles, parfois inspirées par la politique, venaient troubler l'ordre économique précédemment établi.

Après les rapports, et sous le titre *Annexes*, je fais figurer dans ce volume deux pétitions, envoyées tout récemment à Versailles, et une appréciation, faite au point de vue industriel, des évènements qui se sont succédé, principalement dans ces trois dernières années. Je reproduis ensuite quelques documents dans lesquels on trouvera les noms des Filateurs de Lille en 1808 et en 1832. Beaucoup de papiers, paraissant n'avoir qu'un intérêt passager, ont été détruits, je le regrette d'autant plus qu'ils rappelleraient, aujourd'hui, certains travaux du Comité, et notamment les nombreuses démarches faites à Paris, près des Ministres, par les délégués des Filateurs de Lille, alors que le sort de notre industrie était mis en question d'une façon très-inquiétante. J'ai souvent participé à ces démarches avec Messieurs Achille Wallaert Père, Mallet Père, Boutry-Flamen, Cox, Mille-Mimerel et Auguste Wallaert Père ; elles ont pu contribuer, dans une certaine mesure, à retarder la conclusion, avec l'Angleterre, du traité de 1860, qui a causé, en France, la ruine de plusieurs industries.

Pendant les douze années qui ont précédé ce traité, lorsque nous nous rendions à Paris, en même temps que les délégués des autres centres industriels, nous étions heureux de rencontrer, parmi les défenseurs du travail national, les hommes les plus considérables, tels que Messieurs Thiers (1), Schneider (2), Le Bœuf (3), Mimerel (4), Odier (5), H[ri] Barbet (6), Sellière (7), Talabot (8), Féray (9), Pouyer-Quertier (10), ainsi que tous les Députés du Nord ; mais que pouvait-on

---

(1) Président actuel de la République.
(2) Directeur du Creuzot, président du Corps législatif, sous le deuxième empire.
(3) Régent de la Banque de France.
(4) Filateur, Sénateur et créé comte, sous le deuxième empire.
(5) Filateur et tisseur, ancien pair de France.
(6) Filateur, député et maire de Rouen.
(7) Filateur et tisseur, membre du Conseil général des Vosges
(8) Maître de forges.
(9) Filateur, tisseur, constructeur et député.
(10) Filateur et ex-ministre des Finances

Cette annotation a pour but d'indiquer que tous ces personnages étaient compétents dans les questions concernant l'industrie française et le développement du travail.

faire contre la volonté du Souverain ! La Constitution de 1852 ne lui donnait-elle pas le droit de conclure des traités de commerce, même avec l'Angleterre, c'est-à-dire avec la plus redoutable nation du globe, en matière d'industrie, et cela sans *consulter* les chambres *consultatives*, ni même les représentants de la France, envoyés au. Corps législatif par le suffrage universel !...

Lille, 20 mars 1873

H^{ri} LOYER.

Voir page 311 , *la table chronologique et analytique.*

OBSERVATIONS PRÉLIMINAIRES

Sur le Règlement adopté par l'Assemblée générale des Filateurs de Coton
de Lille et de la Banlieue, le 24 Octobre 1849.

AMENDES DISCIPLINAIRES

Lorsqu'on touche aux détails d'intérieur d'une usine, chaque mot employé dans un réglement peut donner lieu à un débat entre le patron et l'ouvrier. Les bonnes intentions de l'auteur du Règlement sont rarement comprises, même par ceux qu'il a le plus favorisés.

Dans une telle situation il suffit de faire observer que le Règlement ci-dessous, dont chacun des articles a été débattu au sein du Comité des Filateurs de coton de Lille, est plus favorable aux ouvriers que tous ceux qui ont été appliqués jusqu'à présent dans l'industrie.

Le Comité a tenu à infliger aux ouvriers des punitions plus douces que celles qu'ils seraient forcés de s'appliquer entre eux s'ils étaient en association.

Dans les usines où les opérations se succèdent, l'importance du salaire de chacun dépend de la bonne exécution du travail fait par les ouvriers employés successivement.

La Filature, de même que toutes les autres grandes industries, peut être comparée à une machine fonctionnant par engrenages. Une dent cassée ou manquant suffit quelquefois pour tout arrêter. La mauvaise exécution et les absences doivent donc être punies par une peine quelconque, dans l'intérêt même des ouvriers.

Le meilleur mode de répression consiste dans l'application de faibles amen-

des. Tous les ouvriers préfèrent subir une légère peine pécuniaire plutôt que d'être renvoyés d'une usine, où ils trouvent des moyens d'existence pour eux et leur famille.

Toutes les amendes disciplinaires prévues par le nouveau Règlement font partie de celles qui sont en usage depuis longtemps. Seulement le taux en a été diminué par le Comité, qui en a même supprimé un grand nombre.

CAISSE DE SECOURS

La Chambre syndicale fait profiter cette caisse des amendes. Autrefois il n'en etait pas ainsi : l'amende revenait au patron, à titre de compensation du dommage résultant de l'absence ou de la négligence de l'ouvrier. Par l'acceptation du nouveau Règlement, le patron se met en dehors de la loi commune. Même lorsque l'ouvrier a volontairement compromis les intérêts de son patron, l'indemnité qui revenait autrefois à ce dernier, profitera désormais aux malades et aux blessés ; et si, à la fin de l'année, la somme n'a pas été totalement employée en secours, l'ouvrier qui a porté le préjudice est néanmoins, au même titre que tous ses camarades, admis à toucher une partie de ce qui reste en caisse.

Le produit des cotisations versées, chaque semaine ou chaque quinzaine, par les ouvriers ne peut, pas plus que le produit des amendes, recevoir d'autre destination que le soulagement des malades et des blessés. Un conseil d'administration composé d'ouvriers et fonctionnant sous la direction du patron, fait parvenir directement les secours aux malades.

PARTAGE OÙ RETRAITE

Il reste habituellement en caisse, à la fin de l'année, une somme équivalente aux trois quarts du montant des cotisations et des amendes, et il est d'usage, dans toutes les sociéiés de secours, de partager cet excédant à l'occasion d'une fête quelconque.

Le Comité exprime le désir que, dans l'avenir, l'excédant soit déposé, au nom et du consentement de chacun des ayants-droit, dans une caisse de l'Etat, qui *plus tard payerait une pension de retraite à l'ouvrier, se trouvant dans les conditions prévues par un règlement particulier.*

A défaut de l'État, le département ou la commune pourrait se charger des caisses de retraite. Elles seraient administrées de la même façon que les caisses communales ou départementales. Les receveurs-généraux, les percepteurs et les receveurs municipaux recevraient les sommes d'une certaine importance, et chaque semestre, ils paieraient à l'ouvrier sa pension de retraite.

Les certificats de vie rentreraient dans les attributions municipales.

Ce système de payement et de recettes ne donnerait lieu qu'à des frais d'une très-minime importance et constituerait en faveur des ouvriers vieux ou infirmes, la solution du problème que l'on cherche à résoudre en ce moment.

RÈGLEMENT

SECOURS & DISCIPLINE

Paix et Travail.

1. Pour venir en aide aux ouvriers malades et maintenir dans le travail une moralité et une discipline aussi profitables à l'ouvrier qu'au patron, il est établi *une caisse de secours* dans chaque filature de coton de Lille et de la banlieue.

2. Cette caisse est alimentée par la retenue, faite chaque samedi, sur le salaire de chaque ouvrier et par les amendes disciplinaires.

3. Les amendes ne peuvent être considérées comme un avantage pour le patron, puisqu'elles sont destinées à secourir les malades, bien que la cause ayant donné lieu à ces amendes ait presque toujours porté préjudice aux intérêts du patron.

4. La quotité des retenues, des amendes et des secours est proportionnée à l'importance du salaire. En conséquence, les ouvriers des filatures sont divisés en trois classes ou catégories ainsi composées.

1re classe : *Les hommes.*

2me classe : *Les femmes et les rattacheurs âgés de plus de 16 ans.*

3me classe : *Les éplucheuses travaillant dans la filature et les apprentis ou rattacheurs âgés de moins de 16 ans.*

RETARDS ET ABSENCES.

5. Les retards et les absences ont pour résultat le chômage partiel ou total de l'établissement, l'inactivité de grands capitaux et la perte de frais généraux importants, tels que dépense de charbon, appointements d'employés, etc.

L'absence d'un seul ouvrier ou sa négligence dans le travail peut, dans certains cas, avoir pour conséquence d'empêcher tous les autres de travailler, c'est-à-dire de *compromettre tout aussi bien les intérêts des ouvriers eux-mêmes que ceux du patron.*

6. La seule répression possible est l'application d'amendes disciplinaires.

AMENDES.

7. Les retards et les absences sont punis par l'application des amendes ci-après :

ABSENCES.

	Retard à l'entrée.	1 h. 1/2	3 h.	6 h.	1er jour	2e jour et suivants.
1re classe :	15 c.	30 c.	50 c.	1 fr.	2 fr.	2 50
2e classe :	10	15	20	» 40	» 80	1 «
3e classe :	5	10	15	» 25	» 50	» 60

Le travail d'un grand nombre d'ouvriers dépendant de celui des chauffeurs et des fileurs en gros, ceux-ci peuvent être renvoyés après un jour d'absence.

Tous les autres ouvriers de la fabrique ne sont renvoyés qu'après deux jours.

AMENDE ORDINAIRE.

8. Les fautes ordinaires sont punies de la même amende que le retard à l'entrée. Les fautes graves sont punies en proportion du dommage causé.

9. L'amende ordinaire est appliquée pour les fautes ci-après :

Chauffeurs : Pour insuffisance d'eau dans la chaudière, marche irrégulière de la machine, retard dans la mise en mouvement à l'heure de l'entrée, négligence dans l'entretien, manque de gaz et retard dans le nettoiement de l'épurateur.

Batteurs : Pour mauvaise exécution dans la confection des nappes, insuffisance dans le nombre, la dimension et le poids de ces nappes.

Éplucheuses : Pour coton mal épluché ou donnant trop de déchet.

Soigneuses : Pour mauvaise exécution dans les rattaches, pesées, voiles et nappes, imperfection des rouleaux, mélange de rubans et négligence dans le travail.

Débourreurs : Pour inobservation des instructions données.

Banc-brocheuses : Pour bobines mal faites, déchets sur les bobines, fils doubles ou simples, mauvaises rattaches, mélange de bobines, déchets mal triés, métier mal entretenu.

Fileurs : Pour grosseurs, mauvaises rattaches, défilage, crinquillons, métiers mal entretenus, cordes trop lâchantes, romaines touchant au porte-système et négligences occasionnant une imperfection dans le fil.

Rattacheurs (grands et petits) : Pour défaut d'ordre dans les bobines, déchet sur les bobines, mauvais classement dans le triage des déchets, grosseurs, mauvaises rattaches, fils simples et doubles, etc.

Fileurs à retordre, rattacheuses et continueuses : Pour bobines mal faites, fils simples, mauvais nœuds, déchets sur les bobines, rattaches au bout, fils insuffisamment retors, cordes lâchantes, défaut d'ordre et mélange dans les bobines, négligence dans le travail.

Gazeuses : Pour mauvais nœuds, mauvaises bobines, fils mal gazés, mélange de numéros et de billets, négligence, retard à prévenir le contre-maitre des défauts qui proviennent des fileurs, rattacheuses et continueuses.

Dévideuses : Pour mauvaises piennes, tours en moins ou en plus, mauvais nœuds et mauvaises rattaches, déchets dans le fil, dévidoirs mal entretenus, mélange du fil ou des billets, et retard à prévenir le contre-maître des défauts qui proviennent des gazeuses et fileurs.

Cylindreurs et Partisseurs : Pour mélange des numéros et retard à prévenir le contre-maître des défauts, qui se trouvent dans les produits.

10. L'amende ordinaire est encore infligée :

1° A tout ouvrier qui n'a pas bien nettoyé, aux heures indiquées, non-seulement la machine qui lui sert d'instrument de travail, mais encore tout l'emplacement occupé par cette machine.

2° A l'ouvrier qui n'a pas graissé en temps opportun les machines dont il est chargé, ou qui ne s'est pas conformé aux instructions données pour ce graissage.

3° A tout rattacheur qui, pendant le travail ou le nettoyage a refusé d'obéir à son fileur ou lui a répondu par une injure.

4° A tout ouvrier qui, pendant les heures destinées au travail, a été trouvé hors de son métier.

DISPOSITIONS GÉNÉRALES.

11. Le fileur qui a frappé son rattacheur paie 50 centimes d'amende.

12. Les ouvriers qui se sont battus dans la fabrique paient la même amende que s'ils avaient été absents pendant tout un jour.

13. L'ouvrier qui est entré dans la fabrique avec une pipe mal éteinte ou hors de l'étui paie 50 cent d'amende ; s'il tenait à la bouche sa pipe allumée, l'amende est de 2 francs.

14. Tout ouvrier qui se présente à son travail en état d'ivresse doit sortir de l'établissement ; l'amende encourue par lui n'est comptée qu'en proportion du temps d'absence ; si, pour sortir, il fait résistance au patron ou contre-maître, l'amende est du double.

15. Toute dispute entre les ouvriers dans la fabrique, toute obscénité en

paroles ou en action, donne lieu à l'application d'une amende dont l'importance est déterminée selon la gravité des cas.

16. Le chauffeur est congédié immédiatement si, à l'heure à laquelle la machine à vapeur doit fonctionner, il se trouve en état d'ivresse, ou si, par sa faute ou sa négligence, il a compromis la sûreté de l'établissement.

RETENUES.

17. Les retenues infligées pour mauvais travail sont établies en proportion du degré de mauvaise confection. Elles entrent, de même que les amendes, dans la Caisse de secours.

RÉCOMPENSE.

18. Une prime de 20 francs est donnée chaque année par le patron, à l'époque de la fête dite du *Broquelet*, à l'ouvrier qui, pendant le courant de l'année, n'a encouru aucune amende. La prime est partagée, si plusieurs ouvriers se trouvent dans cette situation.

QUINZAINES.

19. Pour la garantie réciproque du patron et de l'ouvrier, il est d'usage, quand l'ouvrier veut quitter l'établissement ou le patron congédier l'ouvrier, qu'un avis de sortie soit donné mutuellement quinze jours à l'avance.

20. Pendant ces quinze jours, l'ouvrier doit, comme antérieurement, se conformer au règlement de la fabrique et apporter les mêmes soins et le même zèle à son travail. Le patron doit également traiter l'ouvrier comme par le passé.

21. L'ouvrier qui veut quitter la fabrique doit donner son avis de sortie, au bureau de l'établissement, le samedi, de dix heures à midi.

22. La quinzaine de sortie est composée de deux semaines de travail effectif. La remise du livret a lieu après le nettoyage de la deuxième semaine.

23. Si pendant quinze jours un ouvrier ne se présente pas à la fabrique, son livret est déposé au bureau central de police, ou à la mairie de son domicile. Avant d'opérer ce dépôt, le patron charge le livret des sommes dues par l'ouvrier, pour avances, amendes ou mauvais travail.

Caisse de Secours.

24. Le produit de la caisse de secours ne peut, dans aucun cas, recevoir d'autre destination que le soulagement des ouvriers malades ou blessés.

CONSEIL D'ADMINISTRATION.

25. La caisse de secours est administrée par une commission ou un conseil ainsi composé :

1° Le chef de la manufacture, président de droit ;

2° Le doyen des ouvriers fileurs, membre de droit ;

3° Deux membres élus chaque année. le 20 mai, par tous ceux qui composent la première et la deuxième classe.

Ces deux membres doivent être pris dans la première classe, l'un parmi les fileurs, le second parmi les autres ouvriers de la fabrique.

26. Les décisions du conseil sur les questions non prévues sont prises à la majorité.

27. En cas de partage des voix, celle du président est prépondérante.

28. Un membre au moins de la commission doit savoir lire et écrire.

29. Le livre de caisse est tenu à jour par le comptable de la manufacture.

30. Un double du livre de caisse, tenu également à jour, est remis au doyen.

31. Le médecin, chargé de délivrer les certificats de maladie et d'incapacité de travail, est désigné par le président du conseil d'administration.

32. La caisse porte deux serrures ou cadenas ; l'une des clefs est remise au patron, la deuxième au doyen des fileurs. Elle ne peut être ouverte qu'en présence de deux membres de la commission et du comptable.

33. Le premier dimanche de chaque mois, le comptable établit un état de situation.

34. Lorsqu'il y a un excédant égal à la recette de six semaines, le fonds de réserve est déposé à la caisse d'épargne, pour produire des intérêts.

35. Le livret de la caisse d'épargne est renfermé dans la caisse, ainsi que les pièces de comptabilité.

36. Le président et les membres du conseil d'administration de la caisse de secours rendent compte de l'emploi des fonds, le premier dimanche de chaque mois, à huit heures du matin, lorsque six ouvriers au moins de la première classe en ont fait la demande la veille.

RESSOURCES DE LA CAISSE.

37. La caisse est alimentée par :

1° Les amendes disciplinaires ;

2° Les retenues infligées pour mauvais travail ;

3° Les cotisations versées le samedi ;

4° Les intérêts des fonds placés.

COTISATIONS.

38. Excepté pendant la quinzaine de sortie, la cotisation est obligatoire pour chaque ouvrier, à peine de renvoi de la fabrique.

39. Le montant de la cotisation par semaine est ainsi établi :

Pour la 1re classe	25 c.
— la 2e	15
— la 3e	10

FONDS DE RÉSERVE.

40. Il est indispensable que là caisse possède un fonds de réserve, pour qu'elle ne fasse jamais défaut aux malades (à moins de circonstances exceptionnelles, telles qu'une épidémie, etc.)

41. Ce fonds est établi au moyen des cotisations, amendes et retenues perçues pendant trois mois entiers.

42. L'ouvrier entrant dans la fabrique n'a droit aux secours qu'après quatre-vingt-douze jours de son entrée. Cependant il peut être admis à jouir des bienfaits de la caisse aussitôt qu'il a complété une mise égale à treize semaines de cotisations. Toutefois, cette mise doit avoir été versée antérieurement à la maladie.

43. Toute somme versée est acquise à la caisse. L'ouvrier qui est renvoyé de la fabrique par suite du manque complet de travail, a seul le droit, lors du partage, de réclamer sa part de la caisse, s'il n'a pas toutefois reçu dans l'année, en secours, une somme supérieure à la moitié de ses versements.

44. Tout ouvrier qui tombe au sort ou s'engage volontairement dans l'armée française, jouit de la même faveur.

45. En cas de chômage de la fabrique pendant plus de 36 heures dans une même semaine, la cotisation est réduite à moitié.

NATURE DES SECOURS.

46. Les secours fournis au moyen des ressources de la caisse se composent :

1° Des soins du médecin de la fabrique ;

2° Des sommes ci-après payées en argent :

Pour la 1re classe . . . . . . 5 fr.
   —   2e   — 3   } par semaine.
   —   3e   — 2

MESURES GÉNÉRALES.

47. La maladie donnant droit aux secours ci-dessus indiqués, doit être constatée par un certificat du médecin de la fabrique.

48. Les secours en argent sont comptés à partir du lendemain de la date de la remise du certificat de maladie au bureau de la filature.

49. Le certificat doit être renouvelé tous les 15 jours.

50. Tout médecin est apte à signer le certificat, quand la gravité de la maladie est telle que les soins doivent être donnés à domicile ; mais ce certificat doit être visé par le médecin de la fabrique.

51. Si, après l'expiration de deux mois, l'ouvrier n'est pas guéri, les secours en argent sont réduits à moitié pendant les deux mois suivants. Ces quatre mois expirés, l'ouvrier n'a plus droit à la caisse.

52. Lorsqu'un ouvrier tombe malade dans les 30 jours qui suivent l'époque des derniers secours, cette nouvelle maladie est considérée comme étant une rechute, à moins que le médecin n'ait exprimé une opinion contraire. En cas de rechute, les journées de la première période de la maladie sont comptées avec celles de la seconde.

53. Si un ouvrier abuse du certificat du médecin en ne reprenant pas son travail aussitôt après sa guérison, il est tenu, sur la sommation des deux sous-doyens de la fabrique, approuvée par le conseil d'administration, de reprendre ses occupations le lendemain du jour de la date de la sommation, ou de présenter un nouveau certificat du médecin de la fabrique, à peine par lui de perdre tous ses droits à la caisse, pendant trois mois, à partir du jour de la sommation.

54. Un ou deux des membres du conseil d'administration, et, à leur défaut, les deux sous-doyens, visitent les malades et leur portent à domicile les secours en argent. Ils rendent compte de leurs visites au président.

55. Les blessures ou malaises, suites d'ivresse ou de rixes, et les maladies secrètes, ne donnent pas droit aux secours de la caisse.

56. Les femmes en couches n'ont droit à ces secours que 10 jours après l'accouchement.

57. Tout ouvrier blessé dans la fabrique a droit, pendant 2 mois, aux secours de la caisse, même dans le cas où il n'aurait pas encore complété sa part dans le fonds de réserve. Si, au contraire, il a complété sa mise antérieurement à l'accident, il a droit aux secours pendant 4 mois, dans la même proportion que les malades.

58. Tout ouvrier qui reçoit des secours de la caisse ne peut se livrer à aucun genre de travail ni à aucun débit de marchandises, à peine par lui de perdre son droit à ces secours. Il perd également ce droit s'il a été vu au cabaret ou s'il s'est énivré, querellé ou battu.

59. Si, dans l'opinion du médecin, la guérison se fait trop attendre, l'ouvrier assisté de la caisse peut être forcé, par une décision du conseil d'administration,

à se faire admettre à l'hôpital, à peine par lui de perdre ses droits à l'assistance de la caisse.

60. Pendant le séjour à l'hôpital, la famille du malade reçoit à sa place les secours en argent, s'il ne loge pas habituellement en garni.

PARTAGE.

61. Chaque année, à la fête du *Broquelet*, il est fait, entre tous les ouvriers de la fabrique, un partage de tout ce qui reste dans la caisse, après prélèvement du fonds de réserve.

62. L'ouvrier qui paie sa cotisation, depuis moins de trois mois, n'a droit à aucune part.

63. La répartition entre tous les ayants-droit est établie en prenant pour point de départ l'époque à laquelle l'ouvrier a fini d'acquitter, dans l'année, le paiement de sa part dans le fonds de réserve.

64. Un an de cotisation donne droit à une part entière.
Neuf mois, aux trois quarts.
Six mois, à la moitié.
Trois mois, au quart.

Caisse de retraite.

Au lieu d'être partagés entre les ouvriers, les fonds d'excédant de la caisse de secours pourront être versés dans *une caisse de retraite*, qui sera instituée pour procurer des moyens d'existence aux ouvriers vieux ou infirmes.

Une commission spéciale sera formée prochainement pour cette caisse de retraite.

Les opérations pourront commencer aussitôt que 200 ouvriers, appartenant aux diverses filatures de Lille et de la banlieue, se seront fait inscrire sur un livre qui sera ouvert à cet effet dans chaque filature.

Le but de l'institution de la caisse des retraites étant, ainsi qu'il a été dit plus haut, de fournir des moyens d'existence aux ouvriers vieux ou infirmes, beaucoup de patrons et de personnes bienveillantes souscriront comme membres honoraires.

Le présent règlement, à la rédaction duquel ont présidé deux pensées fécondes pour tous, PAIX ET TRAVAIL, a été adopté à l'unanimité, par le Comité des filateurs de coton de Lille et de la banlieue, dans sa réunion du 11 octobre 1849.

Présents : MM. DEGRIMONPONT, *Président.*
LOYER, Henri, *Rapporteur.*
BOUTRY-FLAMEN.
COX. Edmond.
DESMEDT-WALLAERT.
MALLET.
MILLE, Auguste.
VERNIER.
WALLAERT, Achille.

RAPPORTS

PRIX COMPARATIFS DES COTONS FILÉS EN FRANCE ET EN ANGLETERRE.

— 14 Octobre 1853 —

RENSEIGNEMENTS ADRESSÉS A MONSIEUR LE MINISTRE DE L'AGRICULTURE, DU COMMERCE ET DES TRAVAUX PUBLICS.

MONSIEUR LE MINISTRE,

Une dépêche de Votre Excellence, en date du 26 août 1853, invite la Chambre de commerce de Lille à fournir, sur les prix des cotons filés français et anglais depuis le n° 170 jusqu'au n° 300, des renseignements destinés à continuer ceux qu'elle a transmis au département de l'intérieur, le 13 mai 1852, et à y joindre ses observations sur les allégations de Tarare et de Calais, en ce qui concerne l'exagération du prix de vente et l'insuffisance de la production des fils français.

La Chambre de commerce eût répondu plus tôt à cet appel, si les renseignements statistiques, auxquels elle tenait à donner un caractère certain de précision et de vérité, n'avaient nécessité une enquête assez longue.

Ces renseignements sont compris dans les tableaux ci-joints (n°s 1, 2 et 3), desquels la Chambre tirera les observations, que vous provoquez, sur l'exagération du prix de vente des produits français, comparativement aux produits anglais.

Cette différence serait, selon les évaluations de Tarare et de Calais, de 25 à 50 %. Les tableaux démontrent que, pour les cotons simples, elle n'atteint en moyenne que 19 0/0 dans la série des numéros 170 à 190. Elle se réduit ensuite dans des proportions considérables, pour cesser à partir du n° 250, où l'avantage accordé à la filature française ne dépasse déja plus 5 à 6 0/0.

La moyenne entre ces deux limites extrêmes, 170 et 250, donne seulement 11,32 0/0. A partir du n° 260, le produit anglais est plus cher que le produit français.

La proportion est à peu près la même pour les cotons retors. Elle décroit aussi quand la finesse augmente. Si elle atteint 22 0/0 pour le n° 170, elle n'est plus que de 17 0/0 au numéro 200, et devient nulle avant d'atteindre le n° 300. Elle est en moyenne de 11,62 0/0 Il y a bien loin de ces chiffres à ceux mis en avant par Tarare et Calais.

La différence du prix, qui n'atteint 20 0/0 que pour les numéros les plus favorisés, suffit à peine pour équilibrer les conditions du travail, entre nos fils et ceux de la Grande-Bretagne.

Le tableau n° 4 démontre que la filature française, ayant eu à subir, comme la filature anglaise, sur les prix des lainages, une augmentation de 50 à 60 0/0, a cependant maintenu le prix du fil à des conditions meilleures pour le consommateur. En effet, la hausse du produit français, en comparant 1853 à 1852, a été en moyenne de 2,60 0/0, celle du produit anglais a été 5,86 0/0, et pour les numéros des cotons filés (180 et 200), sur lesquels la valeur de la matière première pèse le plus, l'augmentation, en Angleterre, a été de 11 0/0, tandis qu'elle n'a atteint en France qu'environ 4 1/2 0/0.

La Chambre de commerce de Lille se rend difficilement compte de la persistance des réclamations de la fabrique de tissus de Tarare, relativement à l'insuffisance de la production de la filature, qui serait impuissante à satisfaire aux besoins de la consommation.

Les cotons fins se filent plus particulièrement dans le rayon de Lille.

Le dernier recensement du nombre de broches destinées à leur production présente une augmentation considérable à la date du 1ᵉʳ Août 1853.

La production des tulles et des tissus de Tarare ne s'est pas développée sur une échelle aussi large.

En ce qui concerne les tulles, un travail provoqué par une circulaire de l'un de vos prédécesseurs, en date du 20 octobre 1850, publié par la Chambre de commerce de Calais en janvier 1851, indique quelles ont été les quantités de cotons filés retors, français et anglais, mises en œuvre par les fabriques de tulle de Calais et de St-Pierre, de 1842 à 1850 inclusivement.

Ce travail est loin d'accuser un développement aussi considérable que celui qui est aujourd'hui allégué. En effet, Calais et Saint-Pierre avaient consommé en 1842, en produits français et anglais, 77,151 kil.; la consommation a diminué de 18,000 kilog. environ dans chacune des années 1843 et 1844, elle était réduite en 1847, à 43,344 kilog.; elle n'a atteint que 27,089 kilog. en 1848; elle s'élève, en 1849, à 65,884 kilog. pour revenir en 1850, à un chiffre qui diffère peu de celui de 1842, 80,362 kilog.

Le travail de la Chambre de Calais pourrait être continué; on verrait, si la production des tulles a progressé dans des proportions véritablement sérieuses.

La Chambre de commerce de Lille est portée à croire qu'il n'en est pas ainsi. En effet, les métiers de Caudry, de Lille, de Calais et de Saint-Pierre, qui, en 1850, fonctionaient jour et nuit, ne travaillent plus aujourd'hui que 12 heures sur 24, et un bon nombre de fabricants abandonnent le tulle de coton pour le tulle de soie.

Au reste la Chambre de Calais a pris soin de constater elle-même dans sa délibération du 27 janvier 1851, que la filature des cotons fins, loin de rester stationnaire, s'est efforcé de mettre ses moyens de production en rapport avec les besoins de la fabrique des tulles, et que ses efforts ont été couronnés de succès. Cette Chambre fait même ressortir que les fabriques de tulle de sa circonscription, qui, en 1842, employaient 45,503 kilog. de cotons anglais sur une consommation de 77,151 kilog., n'en employaient plus, en 1849, que 2,756 kilog. sur 85,884, et, en 1850, 3,748 sur 80,362.

En présence de semblables résultats, on se demande ce que peuvent avoir de sérieux les craintes manifestées sur l'insuffisance de la production des cotons à tulle, si l'on considère surtout l'accroissement considérable du matériel de la filature. N'est-ce pas plutôt aux filateurs à se préoccuper de la possibilité d'écouler leurs produits, à l'époque très-prochaine où vont fonctionner les nouveaux établissements?

La Chambre de Commerce de Lille n'a pas dans ses archives, pour ce qui concerne la fabrique de Tarare, un document aussi précieux que celui qui a été publié, sur les tulles, par la Chambre de Calais.

Elle doit constater cependant qu'à une époque encore peu éloignée, Tarare faisant peu de demandes à la filature de Lille, et cette industrie attribuant la mévente de ses produits à des introductions frauduleuses de cotons anglais, qui s'opéraient par la frontière suisse, la Chambre de commerce de Lille a transmis à l'Administration les plaintes qui lui étaient adressées à ce sujet. Des enquêtes ont eu lieu et ont amené le rétablissement des moyens de surveillance, précédemment supprimés. Les assertions sur l'insuffisance et le haut prix des cotons français, ont commencé à se produire à la suite du rétablissement du poste de douanes de Tarare, et ces assertions sont devenues d'autant plus fréquentes et d'autant plus vives, que le soin mis à les examiner a pu faire croire qu'elles trouvaient un certain crédit auprès de l'Administration.

Le Gouvernement ne perdra pas de vue, Monsieur le Ministre, que la valeur des fils et tissus de coton fins réside surtout dans la main-d'œuvre. L'industrie cotonnière fait vivre en France 600,000 ouvriers, et le matériel de la filature a coûté 225 millions de francs environ. Celui qui sert à la fabrication des tulles et autres tissus de

cotons fins n'atteint certainement pas la dixième partie de cette valeur,
il est regrettable que, dans une telle situation, des démonstrations
peu réfléchies, et surtout intempestives, à une époque où l'ouvrier
a besoin de tout son salaire pour assurer sa subsistance, viennent
jeter l'alarme dans les ateliers, au risque de compromettre un état
de choses qui permet d'espérer de traverser des temps difficiles,
sans de trop vives souffrances.

(Voir les tableaux ci-après).

COTONS RETORS POUR TULLE

Prix de vente, en Septembre 1853, sur la place de Calais, pour les premières qualités françaises et anglaises, escompte 2 °/₀ et 30 jours, par entremise de commissionnaires, et par paquets de 2 livres anglaises ou 907 grammes.

Nᵒˢ anglais	PRIX de la filature de Tackeray à Manchester	DROIT perçu à l'entrée	PRIX droit déduit	PRIX des premières qualités françaises	Différence	DIFFÉRENCE EN TANT POUR CENT	
						sur les prix anglais	sur les prix français
170	28 "	7 90	20 10	24 50	4 40	22 "	18 "
180	29 80	7 90	21 80	26 50	4 70	21 1/2	17 3/4
200	33 50	7 90	25 60	30 "	4 40	17 "	14 1/2
220	38 50	7 90	30 60	36 "	5 40	19 1/4	15 "
230	42 "	7 90	34 10	39 "	4 90	19 1/2	12 1/2
240	45 90	7 90	38 "	42 "	4 "	10 1/2	9 1/2
250	50 80	7 90	42 90	45 "	2 10	5 "	4 3/4
260	55 80	7 90	47 90	50 "	2 10	4 1/2	4 1/4
280	70 70	7 90	62 80	64 "	1 20	2 "	1 7/8
300	83 "	7 90	77 10	76 "	1 10	" "	" "
En moins.						116 1/4	98 1/8
En moyenne . . .						11 62 °/₀	9 81 °/₀

QUOTITÉ DU DROIT D'ENTRÉE :

Droit principal. . . . . 8 "

10 c. en sus. . . . . " 80

8 80

1 °/₀ remise. . . . . " 9

Reste pour 1 kil. 8 71

Pour 2 livres anglaises ou 907 grammes. 7 90

Prix de vente, en Septembre 1853, par paquet de 2 livres anglaises.

Nos anglais	PRIX de Tackeray à Manchester	PRIX en francs et centimes	PRIX d'un paquet de 907 gr. ou de 2 livr. angl.	PRIX des 1res qualités françaises à Calais	Différence	DIFFÉRENCE EN TANT POUR CENT	
						sur les prix anglais	sur les prix français
170	7/10	9 79	19 58	24 50	4 92	25 1/4	20 "
180	8/6	10 62 1/2	21 25	26 50	5 25	25 "	20 "
200	10 °/₀	12 50	25 "	30 "	5 "	20 "	16 3/4
220	12 °/₀	15 "	30 "	36 "	6 "	20 "	16 3/4
230	13 °/₀	16 25	32 50	39 "	6 50	20 "	16 3/4
240	15 °/₀	18 75	37 50	42 "	4 50	12 "	11 "
250	17 °/₀	21 25	42 50	45 "	2 50	6 "	5 1/2
260	19 °/₀	23 75	47 50	50 "	2 50	5 1/4	5 "
280	24 °/₀	30 "	60 "	64 "	4 "	6 1/2	6 1/4
300	30 °/₀	37 50	75 "	76 "	1 "	1 1/4	1 1/4
						141 1/4	119 1/4
Moyenne.						14 1/10	11 9/10

COTONS SIMPLES

Prix de vente, en Septembre 1853, sur la place de Tarare, pour les premières qualités, françaises et anglaises, escompte 8 p. %, par l'entremise de commissionnaires.

Numéros anglais	Numéros de Tarare	Prix de la filature de Honlosworth de Manchester à l'écheveau anglais		PRIX au kilogr.		DROIT de douanes		PRIX droit déduit		Prix de la filature française 1re qualité à l'écheveau français		PRIX au kilogr.		Différence au kilog.		DIFFÉRENCE EN TANT POUR CENT			
																sur les prix anglais		sur les prix français	
170	188	9	7	36	36	7	62	28	74	9	1	34	21	5	47	19	»	16	»
180	198	9	8	38	90	7	62	31	28	9	4	37	22	5	94	19	»	16	»
190	210	10	»	41	90	7	62	34	28	9	7	40	74	6	46	19	»	16	»
200	220	10	4	45	86	7	62	38	24	10	»	44	»	5	76	15	»	18	»
210	230	10	9	50	47	7	62	42	85	10	3	47	38	4	53	10	3/4	9	5/8
220	242	11	3	54	82	7	62	47	20	10	7	51	78	4	58	9	3/4	8	7/8
230	252	12	»	60	86	7	62	53	24	11	4	57	45	4	21	8	»	7	1/4
240	262	12	9	68	27	7	62	60	65	12	4	64	97	4	32	7	1/8	6	3/4
250	272	13	8	76	10	7	62	68	48	13	3	72	35	3	87	5	5/8	5	3/8
260	285	16	4	94	02	7	62	88	40	14	3	81	51	6	89	»	»	»	»
																113	1/4	98	7/8
						Moyenne.										11,32 %		9,88 %	

QUOTITÉ DU DROIT D'ENTRÉE :

Droit principal. . . . . 7 »
10 c. en sus . . . . » 70

                                                  7 70
1 p. % remise . . . . » 08

Reste pour 1 kilog. 7 62

RETORS POUR CALAIS

Importance de la hausse sur les Cotons filés, anglais et français, 1853.

ANGLAIS				FRANÇAIS			
Numéros	1852	1853		Numéros	1852	1853	
180	26 80	29 80	Hausse 11 %	170	23 »	24 50	Hausse 4 1/2 %
200	30 70	33 50		180	25 »	26 50	
220	36 20	38 50		200	29 »	30 »	
230	42 10	42 »		220	35 »	36 »	
240	43 50	45 90		240	42 »	42 »	
250	47 20	50 80		250	45 »	45 »	
260	52 »	55 80		260	50 »	50 »	
280	65 60	70 70		280	63 »	64 »	
300	81 »	83 »		300	72 »	76 »	
	425 10	450 »			384 »	394 »	

Hausse moyenne 5 86 %.   Hausse moyenne 2 60 %.

ADMISSION DES FILS DE COTON BLANCHIS
AUX DROITS DES FILS ÉCRUS.

— 17 Octobre 1853 —

RENSEIGNEMENTS ADRESSÉS A M. LE MINISTRE DE L'AGRICULTURE,
DU COMMERCE ET DES TRAVAUX PUBLICS.

MONSIEUR LE MINISTRE,

La Chambre consultative de Saint-Pierre-lez-Calais vous a demandé, dans l'intérêt de la fabrique des tulles, l'admission des cotons filés blanchis au droit actuellement établi, sur les fils écrus N° 143 (système métrique), et au-dessus, et par une dépêche du 27 septembre dernier, vous avez réclamé de la Chambre de commerce de Lille divers renseignements, qui doivent servir à l'instruction de cette demande ; vous avez bien voulu en même temps autoriser cette Chambre à vous soumettre les observations que l'examen de la question pourrait lui suggérer.

La Chambre, en répondant à une dépêche de votre département, du 26 août, a fait connaître à Votre Excellence les prix de vente comparés des fils de cotons fins en France et en Angleterre ; elle a indiqué aussi les développements qu'a pris la production de ces fils, par l'accroissement du nombre des broches dans le rayon de Lille, où se filent plus particulièrement ces cotons, accroissement qui a presque doublé les moyens de production, en quatre années.

Il est tout-à-fait impossible d'indiquer l'importance de la production par kilogramme, parce que les besoins de la consommation varient considérablement et que le poids est toujours subordonné au degré de finesse du fil.

Il n'y a pas d'ailleurs, deux filatures qui produisent exactement la même quantité avec le même nombre de broches ; là aussi, on rencontre une différence de qualité, et les qualités varient à l'infini.

Les détails, dans lesquels la Chambre de commerce est entrée, convaincront Votre Excellence qu'il n'y a pas à craindre que la production des fils fins puisse jamais rester au-dessous des besoins de la consommation de Calais et de Tarare.

Les seuls points sur lesquels la Chambre ait à fournir aujourd'hui des renseignements sont donc :

1° Production des fils blancs ;
2° Valeur que le blanchîment ajoute au fil écru ;
3° Déperdition de poids que le fil écru éprouve au blanchîment.

Ce n'est que depuis deux ou trois ans que les fabricants de Calais emploient des cotons blanchis, pour la fabrication d'un nouveau genre de tulles.

Le concours de la filature nationale ne leur a pas fait défaut, pour ce nouvel article.

Dans les premiers temps, un assez grand nombre de filateurs du rayon manufacturier de Lille se sont mis à l'œuvre et ont envoyé à Calais des cotons blanchis ; cependant il n'y avait alors à Calais et à Saint-Pierre que quelques métiers à alimenter de ce genre de cotons ; aujourd'hui, le nombre de métiers montés pour cette fabrication atteint à peu près le chiffre de 20 sur les 600 qui fonctionnent à Calais et à Saint-Pierre, pour tous les genres de tulles de coton.

Ces 20 métiers peuvent consommer annuellement environ 3,000 kilogrammes en fil blanchi, tandis que chacun des filateurs dont il a été parlé peut en produire au moins 20,000 kilogrammes, s'ils lui sont demandés ; cependant les filateurs continuent avec persévérance à s'occuper de cet article.

Plusieurs établissements de blanchisserie, à Wazemmes lez-Lille, à Caen, à Rouen et à Grand-Couronne, se sont aussi occupés de cet article avec la même persévérance, et ils ont obtenu des résultats qui paraissent satisfaisants.

Les difficultés qui consistaient, au début, aussi bien en Angleterre qu'en France, dans la perfection de la nuance du blanc et dans le dévidage du fil s'aplanissent de plus en plus ; la concurrence intérieure ne tardera pas à atteindre la perfection et le bon marché.

Il convient de faire remarquer que le nouveau genre de tulles n'a pu être arrêté dans son essor par l'insuffisance de la filature ou du blanchîment ; car, si les renseignements parvenus à la Chambre de commerce sont exacts, la Douane aurait admis momentanément les cotons blanchis de la Grande-Bretagne au même droit que les cotons écrus ; les fabricants de tulle auraient donc pu marcher largement et cela n'a pas eu lieu. C'est vraisemblablement parce que les filateurs se plaignent de cette tolérance, que l'industrie des tulles voudrait la faire consacrer, d'une manière légale et définitive.

L'augmentation de valeur résultant du blanchîment varie suivant la finesse du fil : elle est, en Angleterre, de 80 c. à 1 fr. 25 c. pour deux livres anglaises, soit 907 gr.; en France, c'est 2 fr. à 2 fr. 50 c. pour la même quantité. Ces derniers chiffres se décomposent ainsi : 1 fr. 50 c. au kil. pour le coût du blanchîment, le surplus, c'est-à-dire 50 c. à 1 fr. est réclamé par les filateurs, pour travail supplémentaire et pour la détérioration éprouvée pendant l'opération du blanchîment, sur un certain nombre d'écheveaux dont la valeur s'élève de 28 à 50 fr. par kilogramme.

Le supplément cessera d'être réclamé par la filature, lorsque les blanchisseurs trouveront le moyen de ne pas mêler le fil, pendant les manutentions confiées à des ouvriers encore peu habitués à ce genre de travail.

Ce supplément cesserait, d'ailleurs, si les fabricants de tulle voulaient confier eux-mêmes aux blanchisseurs les fils écrus.

Les fils de coton des numéros indiqués éprouvent, au blanchîment, une déperdition de poids de 6 % environ ; ainsi, les droits à l'entrée étant perçus au poids, l'administration des douanes, en consentant à l'admission du produit blanchi au droit du produit écru, aurait, indépendamment d'une dérogation en principe à l'ordonnance du 2 juin 1834 et à la loi du 2 juillet 1836, accompli, en fait, un amoindrissement de la protection que l'administration et le législateur ont voulu assurer à la filature française.

Si la Chambre de commerce devait se maintenir sur le terrain où votre dépêche du 27 septembre dernier tend à placer la question, c'est-à-dire l'élévation du droit des fils blanchis, proportionnelle à la plus-value que le fil acquiert par le blanchîment, elle aurait à invoquer, outre la différence de poids des deux produits, l'impôt qui, en frappant d'un droit de 10 francs une matière première d'une valeur de 60 à 80 centimes, sur les lieux de production, et qui sert à fabriquer la soude, a introduit, dans le blanchîment français, une condition d'infériorité que le perfectionnement du travail ne parviendra jamais à effacer ; elle ajouterait qu'un droit, dit protecteur, mais qui, en réalité, n'est que compensateur, puisqu'il n'a d'autre but que de niveler rigoureusement les conditions de la production, sera toujours impuissant à conquérir au pays un travail nouveau.

Mais la Chambre a envisagé cette question à un autre point de vue ; il lui a semblé que, pour les fils de coton, aussi bien que pour les fils et tissus de lin, le blanchîment peut et doit être réservé au travail français.

La législation, qui régit l'industrie linière, a placé nos établissements de blanchîment dans une position telle, sous le rapport de la perfection du travail, que les nations voisines ont sollicité la faveur d'y envoyer leurs produits écrus pour les reprendre blanchis.

Pourquoi la même législation, si tant est qu'il faille modifier le régime de la loi du 2 juillet 1836, ne serait-elle pas appliquée aux produits cotonniers, pour lesquels la prohibition a été exceptionnellement levée ? Pourquoi aller porter à l'étranger une main-d'œuvre que nous pouvons, dès à présent, faire nous-mêmes, avec une augmentation tellement légère, qu'elle ne peut affecter d'une manière sensible la valeur du tulle, et que la concurrence intérieure ramènerait bientôt aux prix anglais, si le Trésor cessait de percevoir un lourd impôt sur la matière première du blanchîment.

La Chambre de commerce résume donc, en ce point, les observations que Votre Excellence a bien voulu l'autoriser à lui soumettre, en demandant, pour les fils de coton, le maintien du régime établi par la loi du 2 juillet 1836, ou, si une nécessité impérieuse, qu'elle est loin d'apercevoir, commandait la modification de ce régime, l'application aux fils blanchis d'une surtaxe correspondant à celle dont sont frappés les produits liniers après leur blanchiment.

FILS DE COTON FINS.

— 12 Décembre 1853 —

DÉPOSITION DE M. HENRI LOYER, MEMBRE DÉLÉGUÉ DE LA CHAMBRE DE COMMERCE DE LILLE ET RAPPORTEUR DU COMITÉ DES FILATEURS DU NORD, DANS LA PREMIÈRE SÉANCE DE L'ENQUÊTE, OUVERTE A PARIS, SOUS LA PRÉSIDENCE DE M. MAGNE, MINISTRE DU COMMERCE.

Industrie du Coton.

L'Empereur Napoléon Ier attachait une haute importance à ce que la France possédât des manufactures de coton.

Le *Mémorial de Sainte-Hélène* nous rapporte même ses propres paroles, que nous transcrivons ci-après :

« C'est ainsi que j'avais naturalisé au milieu de nous les manufactures de coton qui comportent :

» 1º *Le coton filé*. Nous ne le filions pas ; les Angais le fournissaient même comme une espèce de faveur.

» 2º *Le tissu*. Nous ne le faisions pas encore. Il nous venait de l'étranger.

» 3º Enfin *l'impression*. C'était notre seul travail. Je voulus acquérir les deux premières branches. Je proposai au Conseil d'État d'en prohiber l'importation : on y pâlit. Je fis venir Oberkampf, je causai longtemps avec lui; j'en obtins la conviction que cela occasionnerait une secousse sans doute, mais qu'au bout d'un an ou deux ans de constance, ce serait une conquête dont nous recueillerions d'immenses avantages. Alors je lançai mon décret en dépit de tous, ce fut un vrai coup-d'état.

„ Je me contentai d'abord de prohiber le tissu, j'arrivai enfin au coton filé, et nous possédons aujourd'hui les trois branches, à l'avantage immense de notre population, au détriment et à la douleur insigne des Anglais. »

On verra, par les chiffres suivants, qui sont ceux de l'administration des douanes, combien la pensée de l'Empereur a été féconde. Ces chiffres nous donnent la possibilité de constater et de suivre le développement et les immenses progrès réalisés en France, par les industries de la filature et du tissage du coton.

IMPORTATION DES COTONS EN LAINE.

| Années . . . . . | 1815 | 1827 | 1836 | 1850 | 1852 |
| Millions de kilog. . | 16 | 29 | 44 | 59 | 72 |

Cotons fins.

La filature des cotons fins proprement dits (N°s 143ta/$_m$ et au-dessus), contre laquelle les fabricants de Tarare et de Calais n'ont jamais cessé de lutter, et que leurs demandes tendent à anéantir aujourd'hui, n'existait guère en France qu'à l'état de projet avant 1830. Antérieurement à cette époque, il existait bien quelques établissements de filature qui s'occupaient de cotons fins, mais c'était l'exception.

En 1837, les fabricants de tulle de Calais prétendaient encore, dans leur pétition du 27 février, qu'ils ne pouvaient se servir des cotons français et qu'ils seraient *toujours forcés* d'employer les cotons anglais, parce que, disaient-ils, la filature française ne pourrait jamais arriver à produire des filés convenables pour la fabrication des tulles.

En 1852, ils reconnaissent au contraire, dans leur pétition du 17 juin, que les filateurs français sont arrivés à leur fournir des cotons très-beaux, même dans les extrà-fins, à des prix raisonnables. Cependant ils ne cessent de demander l'abaissement des droits sur les cotons filés anglais, sans se préoccuper le moins du monde de la question de savoir si la réduction des droits n'équivaudrait pas à l'anéantissement de la filature.

Les explications données ci-après ont pour but de démontrer combien étaient exagérées les diverses accusations, qui ont été publiées dans quelques journaux, contre la filature de cotons fins.

Nous nous proposons également de faire ressortir, par quelques chiffres, les tristes conséquences qui résulteraient, pour la France, de la diminution des droits d'entrée sur les cotons fins anglais.

Intérêt national.

Nous avons vu figurer à l'Exposition de Londres des cotons N° 600, produits par une filature de Lille ; mais, dans notre démonstration, nous prendrons pour exemple, parmi les cotons fins, le N° 300, qui est devenu d'une vente courante et qui se fabrique tout aussi bien en France qu'en Angleterre.

Un paquet de 2 livres anglaises (906 grammes), en N° 300, pour tulle, vaut sur la place de Manchester . . . . . . 80 fr. »

Ce coton a été filé avec du Géorgie longue soie, acheté sur la place de Charleston environ 3 francs la livre anglaise.

En comptant la freinte (ou déchet en fabrication) à 50 %, il a fallu employer, pour filer le paquet de 2 livres, 4 livres de coton en laine à 3 francs, soit . . 12 »

Reste pour différence entre le prix du coton en laine et celui du coton filé . . . . 68 fr. »

Ce paquet de coton filé N° 300, étant vendu à un tulliste français moyennant le prix de 80 francs, a donc donné à l'Angleterre une somme de 68 francs, à répartir entre ses marins, ses négociants, ses constructeurs, ses filateurs, ses ouvriers, etc.; puisque c'est par la main-d'œuvre que la valeur de la quantité de coton employée est devenue sept fois plus grande.

La France aurait elle-même gagné les 68 francs en faisant filer ce coton par ses ouvriers. Elle aurait développé son industrie au lieu de payer un tribut à l'industrie anglaise.

Sans doute la France ne peut se dispenser (pour établir la réciprocité) de recevoir, à l'importation, des marchandises venant d'Angleterre, puisque la France exporte une partie de ses produits dans ce pays, mais on doit s'attacher à ne recevoir que des marchandises ayant donné lieu à peu de main-d'œuvre, mais dont la valeur s'élève à beaucoup de millions. Par ce moyen, la France réserve la plus grande partie du travail national, qui forme partout et toujours la base de la prospérité publique.

Les cotons filés fins doivent être classés dans la catégorie des produits donnant lieu à une main-d'œuvre considérable.

Intérêt de la Marine.

Tous les cotons fins sont filés en Géorgie longue soie, qui sont importés d'Amérique, par le commerce et la marine du Hâvre.

Le déchet, pendant l'opération de la filature de ce genre de coton, est en moyenne d'environ 50 %, à cause de la finesse du fil. (Il s'agit des N°s 170 à 350).

Ces faits posés, il y a lieu d'examiner quel serait le résultat de la réduction des droits sur les cotons filés fins, par rapport à la marine. Quelques mots suffiront pour cet examen.

Il est à remarquer que déjà sous le régime actuel, chaque fois qu'un fabricant de tulle achète 200 kilog. de coton filé sur la place de Manchester, il prive la marine française d'un transport de 400 kilog. de coton en laine venant d'*Amérique*.

Eh bien ! n'est-il pas évident que si, par suite d'une diminution de droits, les fabricants de tulle pouvaient faire venir de Manchester la plus grande partie des cotons filés employés par eux, la marine française perdrait une notable partie de ses transports de long cours, sans aucune compensation pour elle, et qu'alors les paquebots anglais se trouveraient exclusivement en possession du petit trajet, qui *resterait* à faire pour traverser la Manche avec des cotons filés.

Intérêt du Consommateur.

Examinons maintenant la question de la réduction des droits, au point de vue de l'intérêt du consommateur.

Les fabricants de Tarare et de Calais se sont plaints de l'élévation du droit d'entrée, qui équivaut, disent-ils, à 40 ou 50 pour cent de la valeur.

Loin d'admettre ces chiffres, nous les repoussons au contraire énergiquement. Les réponses officielles adressées au Gouvernement ont d'ailleurs prouvé qu'ils ne sont pas sérieux, mais nous les admettrons provisoirement pour raisonner de leurs conséquences, au point de vue de l'intérêt du consommateur.

On trouvera peut-être, dans ce qui va suivre, que nous sommes descendus dans des détails trop minutieux, mais nous aimons mieux nous exposer à recevoir ce reproche, que de mériter celui d'avoir cherché à sortir de la question, ou de nous être éloignés de la vérité.

Au surplus, pour raisonner des prix des cotons filés fins, au point de vue de l'intérêt du consommateur, il faut bien les suivre jusqu'à lui.

Le N° 170 anglais (143$^{m}/_{m}$ français) étant le plus gros des numéros admis à l'importation, nous prendrons ce numéro comme étant celui sur lequel le droit d'entrée pèse le plus ; nous prendrons par la même raison le tulle le moins ouvragé et conséquemment le moins cher, pour servir de base aux chiffres qui vont suivre :

	Fr.	Cent.
Un mètre carré de tulle uni, bonne qualité, écru, sortant du métier, vaut en moyenne.	»	60
Le coton filé est entré dans ce mètre de tulle pour les 2/3 de la valeur, soit pour	»	40
En admettant que le coton filé français ait coûté 50 % de plus que le coton anglais, il en résulte une différence de 20 c. au mètre de tulle, ci	»	· 20
Le mètre de tulle étant blanchi et apprêté est vendu par les négociants en gros.	» 75 à 80	
Chez le marchand en détail où la lingère s'approvisionne, c'est 1 fr. à 1 fr. 50 c., soit en moyenne . .	1	25

La lingère fait avec le même mètre de tulle quatre bonnets qu'elle vendra : les plus communs, 1 fr. 50 c. chaque, les autres 3 fr. ou 6 fr., selon qu'ils seront plus ou moins garnis.

L'énorme différence de 50 p. % sur le coton filé, se trouve donc réduite à 5 c. par chaque bonnet, quel que soit d'ailleurs le prix de ce bonnet.

Si chaque bonnet revient à la lingère à 5 c. de moins, le vendra-t-elle 1 fr. 45 c., 2 fr. 95 c. ou 5 fr. 95 c. ? Évidemment non ; elle vendra son bonnet commun 1 fr. 25 c. ou 1 fr. 50 c., et ceux qui sont comparativement les plus beaux 2 fr. 50 ou 3 fr., 5 fr. ou 6 fr., mais assurément, la différence de 5 c. qui résulterait du prix du coton, sera trop peu de chose pour que cette différence arrive jusqu'au consommateur, qui n'y songera pas plus que la lingère n'y aura pensé elle-même.

En définitive, le consommateur a donc, sans le savoir, et sans frais pour lui, contribué à soutenir la grande industrie du coton, qui occupe en France, tant pour la filature que pour le tissage, plus de 600,000 ouvriers, lesquels reçoivent 200 millions de salaires, et consomment par réciprocité, les produits également protégés de celui qui a acheté le bonnet de tulle.

En effet, le consommateur français n'est-il pas, sauf quelques rares exceptions, intéressé lui-même à la prospérité du travail national, qu'il soit capitaliste ou médecin, qu'il soit propriétaire ou simple laboureur, ouvrier des villes ou ouvrier des champs. Son industrie à lui n'est-elle pas soutenue comme celle des filateurs ou des tullistes, par une même protection. Cette protection ne constitue-t-elle pas tout un système, dont le but est de défendre le travail national, et d'assurer un salaire aux ouvriers si nombreux dans notre pays.

Il résulte des chiffres établis ci-dessus que le consommateur ne se ressentirait nullement de l'abaissement des droits, sur les cotons fins achetés en Angleterre ; mais que l'ouvrier qui était occupé à les filer en France, serait réduit à la misère, que le filateur serait ruiné, que la France aurait perdu une partie de son travail, c'est-à-dire de sa prospérité , que l'État aurait vu diminuer les ressources que lui donnent les contributions, les droits de douane sur les cotons en laine, sur les fers, sur les houilles, sur les machines, et que l'Angleterre seule aurait profité de la faute commise.

Les cotons fins étant employés uniquement à la fabrication des tulles et des mousselines fines, et ces mousselines, soit qu'elles viennent de Tarare ou de Saint-Quentin, étant, comme les tulles, destinées à faire des bonnets, des cols, etc., tout ce qui vient d'être dit sur l'emploi des tulles est donc également applicable aux mousselines fines.

La Chambre de commerce de Lyon, dans une séance tenue récemment au sujet de la révision des tarifs de douane, exprime le vœu que les droits d'entrée grévant les N°s 143 $^m/_m$ et au-dessus soient réduits de façon à rester toujours inférieurs à la prime de contrebande.

Dans la même délibération, cette Chambre prétend que les cotons filés, provenant des filatures françaises sont, ou insuffisants, ou d'une qualité qui ne satisfait pas aux besoins de la ville de Tarare.

Il convient d'examiner la question des cotons fins, sous ces différents point de vue.

Contrebande.

Antérieurement à 1849, le bureau de douane de Tarare avait été supprimé, et il était résulté de cette suppression que de nombreuses introductions frauduleuses de cotons filés anglais avaient eu lieu, par la frontière suisse. Des plaintes ayant été adressées à l'administration, le bureau de douanes de Tarare fut rétabli. Depuis cette époque, la contrebande a cessé ; mais c'est à la suite de cette mesure que les fabricants de Tarare n'ont plus cessé de se plaindre de la filature française.

Insuffisance.

En 1847, la production des cotons filés fins était supérieure aux besoins de la consommation. Les magasins de Tarare regorgeaient de filés.

Les années 1850, 1851, 1852 ont été des années exceptionnelles. La suspension du travail en 1848, et les exportations à vil prix, qui furent faites à la même époque par les négociants en tissus, ont produit sur cette place un vide que le tissage a pu à peine combler, pendant ces trois années. Les cotons filés ont partagé le sort de toutes les marchandises, ils n'ont jamais manqué, mais ils ont été recherchés. En réalité, telle a été la cause de la faveur dont ils ont joui pendant les années 1850, 1851 et 1852. Sous ce rapport les fabricants de Tarare n'ont point eu à se plaindre, puisque, pendant les mêmes années, leur industrie a joui constamment d'une très-grande prospérité.

En 1853, la position n'est plus la même pour la filature. Loin d'être rares, les cotons filés sont devenus tellement abondants, qu'il existe un commencement de baisse, bien que les cotons en laine aient atteint, cette année, des prix fabuleux.

En 1849, dans le rayon de Lille, où l'on file plus particulièrement les cotons fins, qui sont destinés à alimenter en partie Calais, Saint-Quentin et Tarare, on comptait 231,199 broches à filer et 69,420 broches à retordre, ensemble 298,619 broches (même chiffre qu'en 1847). Le dernier recensement qui a été fait par le comité des filateurs de Lille, porte le nombre de broches à 525,674 (400,672 à filer et 125,000 à retordre), au 1er août 1853, en y comprenant les établissements en construction.

Pour le département du Nord, le chiffre total qui s'élevait en 1849, à 552,137 (407,889 à filer et 144,788 à retordre), va atteindre à la fin de l'année 1853, 893,292 broches (690,636 à filer et 202,656 à retordre), réparties en 95 établissements, où 15,000 familles trouvent leurs instruments de travail et leurs seuls moyens d'existence.

Les filateurs de Lille, n'écoulant déjà plus qu'une partie de leurs produits, redoutent un excès de production résultant des augmentations de matériel faites sur une si large échelle.

Qualité des fils de coton.

Les aveux des fabricants de tissus, et surtout les dernières expositions, tant en France qu'en Angleterre, ont trop bien constaté les immenses progrès de la filature française des cotons fins, pour que cette industrie ait à redouter désormais, les insinuations peu bienveillantes qui pourraient encore se produire sous le rapport de la qualité.

Les explications qui viennent d'être données, réduisent à leur juste valeur, les reproches faits par la Chambre de commerce de Lyon à la filature des cotons fins. Cette Chambre n'a pu, en effet, recueillir que des renseignements fort incomplets sur cette question, puisque dans sa circonscription, il n'existe pas un seul établissement industriel du genre de ceux qu'elle conseille de sacrifier.

Il nous reste encore à examiner la question des cotons fins à d'autres points de vue.

Concurrence anglaise.

Plusieurs fois les filatures de cotons fins françaises ont été sur le point de succomber, par suite de la concurrence anglaise. Chaque fois qu'une crise commerciale se produit en Angleterre, les filateurs de ce pays versent leur trop-plein sur le marché français, pour soutenir leurs prix à Manchester.

Il y a une dizaine d'années, un fait de ce genre se produisit. Les filateurs de la Grande-Bretagne introduisirent sur le marché français, une quantité de cotons fins telle, que le prix des Nᵒˢ 170 descendit jusqu'à 16 fr. Cet avilissement des prix entraîna la ruine de plusieurs filateurs.

Si, à cette époque, l'Angleterre avait fait ce qu'elle aurait pu faire, si pour se débarrasser de tout son trop-plein, elle nous avait envoyé tout le produit de sa fabrication de 3 mois en cotons filés, c'en était fait de la filature française, car la Grande-Bretagne possédait déjà, alors, 17,500,000 broches, et la France n'en possédait que 4,000,000. Trois mois de la production de l'Angleterre représentaient donc plus d'une année de la production de la France. Or, une industrie qui chôme pendant plus d'une année est une industrie perdue.

Si le chiffre du droit protecteur fut impuissant pour empêcher cette inondation de produits anglais, il ne devint pas moins une planche de salut pour la filature française.

Ce qui ne se réalisa pas, en 1842, pourrait toujours arriver dans un moment de crise en Angleterre, si le Gouvernement français venait, par l'abaissement des tarifs douaniers, nous mettre à la merci des Anglais.

Nos adversaires avouent que la filature de cotons fins a fait d'immenses progrès depuis dix ans (1), mais l'esprit qui les anime

----

(1) Il est facile de faire en quelque sorte toucher du doigt, même aux personnes entièrement étrangères à l'industrie, les difficultés inouïes que présente la filature des cotons fins.

Il suffit de dire que le Nᵒ 300 anglais cité plus haut représente une longueur de 254 mille

les pousse jusqu'à vouloir faire tourner nos progrès contre nous-mêmes, et contre la filature française en général.

Ils disent que l'ordonnance de 1834, qui a autorisé l'entrée des cotons fins en France, est venue stimuler les producteurs des numéros élevés, et que nos progrès sont le résultat de cette ordonnance. Ils ajoutent que le meilleur moyen de nous faire progresser encore, c'est d'abaisser les droits existants.

Pour des hommes qui n'ont point étudié la question, pour des hommes entièrement étrangers à l'industrie, cette conclusion paraît décisive, mais en réalité elle n'est que spécieuse. Il nous sera facile de le prouver.

L'ordonnance de 1834 fut au contraire un coup mortel donné à la filature des cotons fins.

C'est dans des documents officiels, dans les états de la douane, que nous en trouvons la preuve.

En 1836, l'importation des cotons filés fins anglais, pour tulle, s'éleva à 80,407 kilog. Ce chiffre représente, à quelques centaines de kilog. près, toute la quantité consommée à cette époque, par les fabricants de tulle. Ces chiffres ne démontrent-ils pas jusqu'à l'évidence qu'en 1836, c'est-à-dire deux ans après l'ordonnance de 1834, la filature des cotons pour tulle n'existait plus en France que comme souvenir.

Quelques années plus tard, la France ne produisant presque plus

---

mètres (762,000 pieds) par demi-kilogramme. C'est-à-dire que le filateur doit arriver à trouver, dans une livre de coton, un fil dont l'une des extrémités étant fixée à Paris, l'autre atteindrait jusqu'à l'une des villes de l'intérieur de la Belgique.

Pour les 170, c'est-à-dire pour les plus gros numéros de la série des cotons fins, la longueur à fournir dans une livre est 143 mille mètres ou plus que la distance qui existe entre Paris et Saint-Quentin.

Pourtant ce fil doit être fort, uni, régulier, propre et lisse. Un seul ouvrier doit filer de 300 à 500 fils en même temps, par une vitesse de plusieurs mille tours de torsion à la minute.

Comme on peut le reconnaître, la filature de cotons fins est une industrie qu'on n'improvise pas. Au reste, l'Angleterre et la France sont les seules puissances du monde qui possèdent cette industrie.

de cotons pour tulle, les Anglais élevèrent leurs prétentions d'une manière exagérée.

Alors les fabricants de tulle eurent de nouveau recours aux filateurs français, ils leur firent des promesses et les encouragèrent.

Quelques filateurs, excités par l'élévation des prix anglais, prix auxquels il faillait encore ajouter le droit, 8 fr. 80 c. (1), établi par l'ordonnance de 1834, se décidèrent à produire de nouveau des cotons pour tulle.

Ce fut grâce à ces deux circonstances, l'élévation des prix anglais et le montant du droit, que la filature de coton pour tulle commença à se ranimer.

Des établissements nouveaux se montèrent, des machines nouvelles furent achetées, la promesse du Gouvernement que le droit de 8 fr. 80 c. serait maintenu, en fut la cause principale.

Eh bien ! nous le demanderons à tout homme de bonne foi, n'est-ce pas sous la confiance de cette promesse que les établissements nouveaux se sont montés? N'est-il pas vrai que si, au lieu d'établir le droit protecteur à 8 fr. 80, on l'eût fixé aux chiffres que les tullistes réclament aujourd'hui, pas une seule filature ne se serait montée en France?

Le taux du droit n'est pas trop élevé, puisque les fabricants de tulle n'ont cessé, à aucune époque, d'importer des cotons anglais, quand la chose leur a convenu, et qu'ils en importent encore plus ou moins chaque année.

Autrefois la fraude des cotons fins se faisait sur une grande échelle. Le but principal du Gouvernement, dans son ordonnance de 1834, fut de mettre fin à cette fraude. Ce but a été atteint puisque la fraude n'existe plus.

L'abaissement du droit protecteur n'aurait qu'un résultat, l'anéan-

---

(1) Droit sur le coton simple 7 fr., droit sur le retors 1 fr., ensemble 8 fr. Avec le premier décime, 8 fr. 80 c ; avec deux décimes, 9 fr. 60 c.

tissement de la filature de cotons fins, c'est-à-dire la ruine des manufacturiers, qui n'auraient eu qu'un tort, celui d'avoir trop compté sur les promesses et sur la sagesse du Gouvernement de leur pays. On savait alors comme aujourd'hui que l'Angleterre a sur nous de grands avantages de bon marché.

Par suite de cette ruine combien de millions de salaires de moins pour les ouvriers français! Et où iraient-ils ces salaires? Aux ouvriers anglais!

Progrès et bon marché.

Il est facile de reconnaître, par ce qui se passe en ce moment même sous nos yeux, quelles sont les causes qui peuvent faire arriver la France au développement graduel de son industrie des cotons fins.

Pendant les trois années 1850, 1851 et 1852, la filature prenant part à la prospérité générale du commerce a réalisé des bénéfices, qui lui ont été d'autant plus utiles que, depuis longtemps, elle n'avait pu faire aucune dépense.

Les bénéfices réalisés ont servi aux anciennes maisons à renouveler, à perfectionner, à augmenter leur matériel; car il est à remarquer que les bénéfices des industriels sont toujours employés par eux dans leur industrie. Le commerçant se retire des affaires quand sa fortune lui parait suffisante, les industriels au contraire conservent, presque tous, leurs manufactures qui constituent la fortune de la famille. Cette fortune se transmet de père en fils, et chaque génération apporte ses perfectionnements et ses augmentations. Telle est l'histoire de la plupart des grands établissements industriels de la Grande-Bretagne. Telle est aussi l'une des causes de leur prospérité.

Les bénéfices réalisés par les filateurs, pendant trois années consécutives ont aussi appelé de nouveaux capitaux. Un grand nombre d'établissements nouveaux se sont élevés et s'élèvent encore sous la foi de la législation actuelle.

Dans le seul département du Nord, l'augmentation des moyens de production a été considérable, pendant les quatre dernières années. En effet, en prenant la broche comme agent de la production et, calculant le prix de revient de chaque broche à 50 fr., on trouve que ces augmentations s'élèvent au chiffre énorme de 17 millions.

Les constructeurs du Nord n'ayant pu suffire aux demandes, les filateurs ont fait venir des machines de tous les pays. On cite notamment une filature assez considérable où tout est anglais, directeur, contre-maîtres, métiers à filer, etc., etc.

N'est-il pas évident qu'une lutte intérieure va s'engager et que de cette lutte sortiront nécessairement le bon marché et de nouveaux perfectionnements, c'est-à-dire le progrès.

Ouvriers des filatures.

La main-d'œuvre entrant pour plus de moitié dans la valeur des cotons fins, les nombreux ouvriers, employés par la filature nationale, seraient les premiers à souffrir de l'abaissement des droits ; le résultat de cette mesure serait, pour eux, la privation d'une grande partie du travail que leur donne une fabrication, qui serait désormais remplacée par les produits étrangers.

Les industriels qui chercheraient à lutter contre la concurrence étrangère, ne tarderaient pas à être forcés de réduire les salaires. Cette réduction viendrait encore accroître la misère dans laquelle se trouvent plongés un grand nombre d'ouvriers, par suite de la cherté des denrées alimentaires.

RÉSUMÉ.

L'abaissement des droits d'entrée, qui protégent l'industrie de la filature des cotons fins, serait contraire à tous les intérêts et n'en favoriserait aucun.

Cette mesure serait contraire à l'intérêt national ;

Elle serait contraire aux intérêts de la marine ;

Le consommateur ne s'en ressentirait aucunement ;

Elle ne servirait pas à empêcher la contrebande, puisqu'il ne s'en fait pas ;

Elle ne saurait parer à l'insuffisance des filés puisqu'ils sont abondants ;

Elle ne produirait aucun résultat sous le rapport de la qualité qui est satisfaisante ;

Elle nous mettrait à la merci de la concurrence anglaise ;

Elle arrêterait le progrès et empêcherait par suite le bon marché pour l'avenir ;

Elle favoriserait les ouvriers anglais au détriment des ouvriers français.

La filature est devenue l'une de nos plus grandes industries. Si, dans le monde, l'Angleterre occupe le premier rang pour la filature de coton, c'est la France qui occupe le second rang. L'empereur Napoléon Ier a été le fondateur de cette belle industrie en France, l'Empereur Napoléon III, ne peut vouloir qu'on la sacrifie en établissant une lutte qui serait inégale.

ADRESSE

A M. Henri LOYER, *premier Adjoint au Maire de Wazemmes, Membre de la Chambre de commerce de Lille, délégué dans l'enquête du coton.*

Le choix de la Chambre de commerce de Lille ne pouvait mieux s'arrêter que sur M. Henri Loyer, en le déléguant auprès du gouvernement, pour la défense de l'industrie de la filature de coton, menacée dans son existence par des intérêts égoïstes.

Par l'intelligence et l'énergie qu'il a montrées dans l'exécution de son mandat difficile et couronné par le succès, il s'est acquis les titres les mieux mérités à la reconnaissance d'une des grandes industries du Nord, et le Comité est heureux de lui en offrir le témoignage.

Lille, le 3 Janvier 1854.

DEGRIMONPONT-VERNIER, *Président du Comité.*
Achille WALLAERT.
VERNIER-VANHONACKER.
Louis DESMONS Fils.
BOUTRY-FLAMEN.
MALLET Père.
Gustave DELESALLE.
DESMEDT-WALLAERT.
Edmond COX.
Auguste MILLE.

RAPPORTS

BLANCHIMENT DES FILS DE COTON FINS.

— 21 Mars 1854 —

NOUVEAUX RENSEIGNEMENTS FOURNIS A M. LE MINISTRE DE
L'AGRICULTURE, DU COMMERCE ET DES TRAVAUX PUBLICS.

MONSIEUR LE MINISTRE,

Une dépêche de Votre Excellence, en date du 13 février dernier, a invité la Chambre de commerce de Lille à vous adresser de nouveaux renseignements sur le prix de revient du blanchîment *des fils de cotons retors pour tulle du Nº 143 métrique et au-dessus*, et sur la qualité réelle de ces fils, comparée à celle des fils blanchis de Nottingham.

Les nouvelles investigations auxquelles la Chambre s'est livrée, et qu'elle a poussées aussi loin qu'il a été possible, l'ont convaincue que les observations qu'elle a eu l'honneur d'adresser à votre département, sur la même question, le 17 octobre 1853, sont de la plus scrupuleuse exactitude, et que les faits alors énoncés doivent être maintenus et confirmés.

Afin de faire partager à Votre Excellence sa profonde conviction, la Chambre de commerce vous soumet tous les éléments de l'enquête à laquelle elle vient de se livrer auprès des filateurs, des blanchisseurs et des fabricants de tulle de sa circonscription ; elle y joint deux échantillons de fils retors, du même numéro, blanchis l'un en France. l'autre à Nottingham.

Si, après l'examen de ces divers documents, il pouvait rester dans votre esprit l'ombre d'un doute sur la valeur des assertions de quelques fabricants de tulle de Calais et de Saint-Pierre, la Chambre de commerce verrait avec une vive satisfaction que vous voulussiez bien compléter l'instruction de la question, par l'envoi d'un délégué spécial, chargé de procéder à une enquête sur les lieux, ainsi que vous en avez manifesté l'intention dans votre dépêche du 13 février.

La Chambre de commerce de Lille manquerait à ses devoirs si elle négligeait de faire connaître à Votre Excellence, que les réclamations incessantes de quelques tullistes de Calais, auxquelles l'industrie des tulles est loin de s'associer, qui procèdent d'un intérêt minime et pour ainsi dire individuel, acquièrent par l'attention même que leur accorde l'Administration, une importance fâcheuse et surtout regrettable, au lendemain d'une enquête qui avait jeté de vives alarmes dans l'industrie cotonnière, alarmes que le Gouvernement a cru devoir calmer par l'assurance, publiquement donnée, qu'il ne sera, quant à présent, apporté aucune modification au régime des cotons filés.

FILS A COUDRE. — DÉVIDAGE MÉTRIQUE.

— 25 Septembre 1854 —

PROJET DE RÈGLEMENT PROPOSÉ PAR LA CHAMBRE A M. LE MINISTRE DE
L'AGRICULTURE, DU COMMERCE ET DES TRAVAUX PUBLICS.

MONSIEUR LE MINISTRE,

Par une dépêche, en date du 28 avril dernier, Votre Excellence a
informé la Chambre de commerce de Lille, que le Comité consultatif
des arts et manufactures avait été saisi de la question de l'application
obligatoire du système métrique décimal, à l'échevettage des fils de
lin à coudre, sur laquelle la Chambre de commerce avait eu l'honneur
d'appeler, plusieurs fois, l'attention de votre département.

Le Comité a pensé que la mesure devrait s'appliquer, non-seulement aux fils de lin, mais à tous les fils à coudre, et qu'il pourrait
y avoir difficulté pour ceux de ces fils qui se vendent en pelotes ou
en bobines.

En conséquence, Votre Excellence a demandé que la Chambre
formulât un projet de règlement qui serait examiné et comparé avec
les opinions des Chambres de commerce de Paris, Rouen, Mulhouse,
Lyon et Reims.

La Chambre de commerce de Lille s'est efforcée de concilier les
dispositions du règlement nouveau avec les nécessités de la fabrication, les besoins et les usages de la consommation.

Pour atteindre ce but, elle a dû se livrer à de nombreuses investigations, ce qui l'a empêchée de répondre aussi tôt qu'elle eût désiré le faire, à l'invitation de Votre Excellence.

La Chambre a l'honneur de vous adresser, ci-joint, le projet de règlement qu'elle a formulé, et dans lequel elle n'a eu en vue que les fils à coudre, de lin et de coton, les seuls qui se fabriquent dans sa circonscription. Les fils à coudre, de laine et de soie, se vendent généralement au poids et non à la longueur. Peut-être exigent-ils des conditions de règlementation particulières, que les représentants de ces spécialités pourront indiquer mieux que nous.

La Chambre a pensé que les difficultés d'application, prévues par le Comité consultatif, pour les fils qui se vendent en pelotes ou en bobines, n'étaient pas insolubles. Elle les a rencontrées et elle croit que les dispositions qu'elle propose feront disparaître la crainte exprimée par le Comité.

Quelques explications ont paru nécessaires pour la complète intelligence du règlement projeté :

Fils en écheveaux. — La Chambre propose le mètre comme mesure de la circonférence du dévidoir, et le système décimal pour la division des tours.

Déjà, elle avait indiqué cette division, dans les observations adressées, le 9 août 1850, au département du commerce. Il lui paraît que ce moyen est le plus sûr et le meilleur de sauvegarder les intérêts du consommateur, qui pourra se rendre compte, instantanément, des quantités livrées, puisque l'écheveau contiendra autant de tours que de mètres de longueur.

La Chambre regrette d'avoir été forcée de proposer une exception, pour certains fils, qui, en raison de leur destination, doivent avoir des dimensions particulières, et pour lesquels le périmètre d'un mètre serait insuffisant. Tels sont, notamment, les fils pour arcades de métiers à la Jacquart, pour lisses, pour harnats, et généralement tous ceux destinés au tissage et à la fabrication des passementeries.

Tels sont aussi, parmi les fils à coudre, proprement dits, les produits d'une solidité hors ligne, devant fournir de longues aiguillées et dont on ne peut se passer pour différents usages.

Il est à remarquer, toutefois, que, même pour les exceptions, la division décimale des tours a été maintenue. Si la fraude tentait de se produire, il serait facile de distinguer les fils à coudre ordinaires de ceux qui font l'objet des exceptions proposées.

Ces exceptions étaient déjà indiquées dans les observations du 9 août 1850.

Fils en bobines. — Les divisions de 25, 50, 75 et 100 mètres, proposées pour les fils en bobines, ne sont pas toutes décimales ; mais elles sont métriques, et l'usage les a depuis longtemps adoptées. Elles ne présentent aucun des inconvénients reprochés au dévidage des fils à coudre. La Chambre n'a vu, de son côté, aucun motif sérieux pour proscrire les deux divisions de 25 et 75 mètres, dont le maintien est désiré par les fabricants.

Fils sur cartes. — Les cartes constituent une nouvelle forme, sous laquelle les fils à coudre sont présentés à la vente. Cette nouvelle forme a été importée d'Allemagne. Il a paru que les cartes devaient être réglementées comme les bobines qu'elles tendent à remplacer.

Fils en pelotes. — La longueur du fil ne pouvant être indiquée sur chaque pelote, il a paru convenable de fixer à 100 grammes le poids total du fil contenu dans chaque boîte, en appliquant au nombre des pelotes, la division décimale ; mais, comme il est impossible d'éviter certaines variations dans la confection des pelotes, à cause des différences qui se produisent inévitablement dans la grosseur ou dans la tension du fil, il est proposé une tolérance de 5 grammes sur le poids total des pelotes, formant une boîte de 100 grammes.

Dispositions générales. — La marque obligatoire, pour les fils à coudre, a été jugée nécessaire pour le maintien des dispositions règlementaires. Les fabricants se soumettront volontiers à cette mesure, dans laquelle ils voient une garantie certaine pour leurs intérêts, aussi bien que pour ceux du consommateur. Ils considèrent ce moyen comme le plus efficace, pour faire cesser une fraude qui n'a généralement profité qu'aux intermédiaires placés entre le producteur et le consommateur.

Dispositions pénales. — La répression, pour être efficace, doit être suffisamment énergique, et tous les fabricants qui ont été consultés, se sont prononcés pour une pénalité assez élevée.

Dispositions transitoires. — La diversité des genres de fils à coudre oblige les fabricants, et surtout les commerçants, à garnir leurs magasins d'une très-grande quantité de produits préparés à l'avance; tel est le principal motif du long délai qui est demandé pour l'application du système nouveau. Les contraventions pourront, d'ailleurs, être poursuivies, d'autant plus rigoureusement que chacun aura eu le temps nécessaire pour se conformer au règlement.

Les maires et les juges-de-paix se trouvant placés à proximité de tous les détenteurs, ont été désignés pour l'application d'une estampille sur les paquets ou boîtes de fils à coudre, dévidés d'après le mode actuel, qui pourront rester en magasin, à l'époque de la mise en vigueur du règlement.

Tels sont, Monsieur le Ministre, les motifs des dispositions règlementaires que la Chambre a cru devoir proposer à votre approbation, après avoir étudié la question dans toutes ses parties, pour ce qui concerne les produits de sa circonscription.

RÈGLEMENT PROPOSÉ PAR LA CHAMBRE DE COMMERCE

FILS EN ÉCHEVEAUX.

Art. 1ᵉʳ. Les fils à coudre, de lin et de coton, devront être dévidés sur un périmètre, ou circonférence de 1 mètre.

Les écheveaux contiendront au moins dix tours de dévidoir, soit 10 mètres de fil.

Au-dessus de 10 mètres jusqu'à 100, le nombre de tours s'accroîtra par dizaines ; au-dessus de 100, il s'accroîtera par centaines.

Les divers genres de fil de lin, qui sont destinés à certains emplois, pour lesquels le périmètre d'un mètre serait insuffisant, pourront être dévidés sur un périmètre plus grand, mais l'accroissement devra être fait par fraction, de 10 en 10 centimètres.

Une étiquette, fixée sur chaque paquet, indiquera le périmètre du dévidage et le nombre de tours composant les écheveaux.

FILS EN BOBINES.

Art. 2. La longueur des fils en bobines sera de 25, 50, 75 ou 100 mètres. Au-dessus de ce dernier nombre, l'accroissement se fera par centaines de mètres.

Il sera appliqué, sur chaque bobine, une étiquette indiquant la longueur.

FILS SUR CARTES.

Art. 3. Ce qui vient d'être prescrit pour les bobines, sera applicable aux fils sur cartes, ou à tout autre appareil qui remplacerait les bobines ou les cartes.

FILS EN PELOTES.

Art. 4. Les pelotes de fils à coudre, qui se vendent au poids, continueront à être mises dans des boîtes.

Chaque boîte devra contenir 100 grammes de fil, poids net (par tolérance, 95 grammes au minimum).

Le nombre de pelotes, composant chaque boîte, pourra varier, par dizaines, jusqu'à 50 ; mais quel que soit le nombre de pelotes composant une boîte, le poids du fil devra toujours être de 100 grammes (95 grammes par tolérance).

Sur chaque boîte, il sera appliqué une étiquette, indiquant le nombre de pelotes pour 100 grammes de fil.

La réunion des boites se fera par dix pour 1 kilogramme de fil (950 grammes au minimum).

DISPOSITIONS GÉNÉRALES.

Art. 5. Toutes les étiquettes qui seront appliquées, conformément aux dispositions ci-dessus, devront porter les lettres initiales du fabricant et l'indication, en chiffres arabes, du nombre de mètres contenus, ou dans l'écheveau, ou sur la bobine, ou sur la carte.

Indépendamment de ces étiquettes, il sera appliqué sur les paquets, ou sur les boites, une estampille principale indiquant, en toutes lettres, le nom du fabricant et la commune dans laquelle son établissement est situé.

DISPOSITIONS PÉNALES.

Art. 6. Une amende de 100 à 500 francs, par chaque contravention, sera encourue par tout fabricant, ou commerçant, qui aurait mis, ou en vente, ou en circulation, des fils à coudre, dans des conditions autres que celles établies par les dispositions ci-dessus.

DISPOSITIONS TRANSITOIRES.

Art. 7. Le délai d'un an, à partir de la promulgation du présent règlement, sera accordé aux fabricants, pour l'écoulement des produits fabriqués suivant les anciens systèmes.

Le délai sera de dix-huit mois pour les intermédiaires entre le fabricant et le consommateur.

Si, à l'expiration de ces délais, les détenteurs de fils à coudre n'avaient pu trouver l'écoulement intégral des fils fabriqués selon les anciens systèmes, ils devraient, pour éviter les amendes, soumettre les paquets ou les boîtes, restant dans leurs magasins, à une estampille qui serait apposée par les soins du juge-de-paix ou du maire.

ORGANISATION DU TRAVAIL. — OUVRIERS DES MANUFACTURES.

— 13 Août 1855 —

RAPPORT FAIT A LA CHAMBRE DE COMMERCE

MESSIEURS,

Par une lettre, en date du 22 juin dernier, M. le Préfet fait savoir à M. le Président de cette Chambre, que des vœux lui ont été exprimés, pour qu'à l'exemple de ce qui se passe en Angleterre, l'usage s'introduisît, dans les fabriques du département du Nord, de payer les ouvriers le vendredi et d'arrêter le travail le samedi, vers cinq heures du soir, pour le nettoiement des métiers, la réparation des courroies et pour donner aux ouvriers le temps d'approprier leurs effets, d'entretenir leur ménage, de faire des emplettes pour le dimanche, etc.

Dans la même lettre, M. le Préfet s'occupe d'autres questions, se rattachant également au travail dans les fabriques, au repos du dimanche et à l'habitude du lundi.

La Commission nommée par la Chambre dans la séance du 6 juillet dernier, a pris sur toutes ces questions des renseignements qu'elle résume ainsi qu'il suit :

Contrairement à ce qui a été dit à M. le Préfet, c'est à midi et non à cinq heures du soir qu'on arrête les fabriques, le samedi, en Angleterre. Les machines sont toujours nettoyées dans la semaine, pendant les heures destinées au travail et la sortie des ateliers a lieu, le samedi, immédiatement après l'arrêt de la fabrique. Toutefois, quelques ouvriers, payés à la journée pour nettoyer des machines exceptionnelles, rentrent dans l'établissement, le samedi de deux à quatre heures de l'après-midi ; mais à quatre heures, tous les ateliers sans exception doivent être fermés. Les ouvriers attachés à la construction sont les seuls qui puissent y rester pour s'occuper des réparations.

Il est à regretter que le but que l'on se proposait en Angleterre, en suspendant le travail le samedi à midi, n'ait pas produit le résultat qu'on en attendait. Les ouvriers anglais se livrent, ce jour-là, à des désordres de toute nature. Ayant reçu leur salaire le vendredi, ils en dépensent une grande partie pendant l'après-midi du samedi et dans la nuit du samedi au dimanche. Le repos du dimanche leur est utile plutôt pour se remettre des fatigues produites par les excès du samedi que de celles provenant du travail de la semaine. On assure même que bon nombre d'ouvriers anglais ont contracté l'habitude de rester au lit le dimanche jusqu'à midi.

L'état actuel des choses en France, quoique laissant encore à désirer, sans doute, est assurément préférable à ce qui se passe en Angleterre.

Dans l'arrondissement de Lille, les décrets qui, depuis quelques années, règlent les heures du travail en France, sont exécutés par presque tous les industriels.

Ceux qui cherchent à faire travailler pendant plus de douze heures par jour, dans la semaine, ou ceux qui ouvrent leurs fabriques le dimanche, pour tout autre cause que des réparations urgentes, font exception et sont même assez mal notés, parmi les manufacturiers.

Le nettoiement des machines s'effectue partie le samedi, partie les autres jours de la semaine, lorsque le samedi ne peut suffire.

La durée du travail n'étant plus que de douze heures par jour (autrefois c'était quatorze heures dans l'arrondissement de Lille), il est facile d'obtenir des ouvriers, ainsi que le permet d'ailleurs la loi, un nettoiement complet, en dehors des heures de travail productif.

Les machines employées dans les fabriques, variant considérablement d'importance, de formes, etc., on ne peut établir de règle générale pour le temps à consacrer à l'opération du nettoiement.

Celui qui se fait le samedi après la journée, ne se prolonge pas, en temps ordinaire, au-delà de huit heures du soir.

Beaucoup d'ouvriers, n'ayant pas de machines à nettoyer, peuvent même sortir, dès sept heures, le samedi comme les autres jours.

Il faut quelquefois employer plus de trois heures pour nettoyer certaines machines. Par contre, une demi-heure et même un quart d'heure suffisent pour d'autres machines. Le long nettoiement est fait en grande partie dans le courant de la semaine, et le petit nettoiement est toujours fait le samedi, à moins de circonstances exceptionnelles.

Lorsque la fabrique est arrêtée, on ne peut exiger la présence à l'atelier de l'ouvrier, qui n'a pas de machine à nettoyer, ou de celui qui a fini de nettoyer.

Il résulte de toutes ces circonstances que si, dans ce pays, on arrêtait les fabriques, à la même heure qu'on le fait en Angleterre, ou à cinq heures, conformément aux vœux qui ont été exprimés à M. le Préfet, la plus grande partie de nos ouvriers feraient le samedi ce que font les ouvriers anglais. A peine sortis des ateliers, ils iraient au cabaret. Malheureusement il faut bien le reconnaître : dans tous les pays connus, un très-grand nombre d'ouvriers ne connaissent guère que l'atelier et le cabaret. Seulement le nombre de ceux qui s'énivrent varie du plus au moins, et, sous ce rapport, nous n'avons pas trop à nous plaindre comparativememt à l'Angleterre, pour la journée du samedi.

En effet, sauf quelques exceptions, les ouvriers de l'arrondissement de Lille vont au cabaret le samedi soir, et n'y passent qu'un moment ; au contraire, les ouvriers anglais y restent jusqu'à minuit. Cela tient assurément à ce que les ouvriers anglais, déjà échauffés par de nombreuses libations pendant l'après-midi du samedi, sont plus disposés le soir, à faire des excès qui vont souvent jusqu'à l'orgie, que les ouvriers français retenus ce jour-là à l'atelier, jusqu'à l'heure ordinaire.

Quant à l'habitude du lundi, généralement on constate, dans le Nord, une grande amélioration, depuis que les ouvriers occupés dans les manufactures, sortent des ateliers vers sept heures du soir.

Autrefois, lorsque le travail devait se prolonger jusqu'à neuf ou dix heures du soir, cette perspective éloignait l'ouvrier de l'atelier. Souvent il ne se sentait pas le courage, après les fatigues du dimanche, de travailler le lundi jusqu'à une heure aussi avancée de la soirée.

Pour remédier à cet inconvénient, le plus grand nombre des industriels faisaient sortir leurs ouvriers, ce jour-là, à quatre ou cinq heures de l'après-midi ; mais alors on voyait se produire en France, le lundi, les mêmes excès que ceux que l'on remarque, en Angleterre, dans l'après-midi et dans la soirée du samedi.

Actuellement, ou depuis la mise en pratique des décrets relatifs aux heures de travail, presque tous les manufacturiers de l'arrondissement de Lille, ayant fixé la sortie des ateliers à environ sept heures, le lundi, il en résulte que la soirée est tout à la fois, encore assez longue pour que les ouvriers puissent aller se promener et s'amuser, pendant une ou deux heures, et trop courte pour qu'ils aient le temps de s'enivrer.

Une autre mesure, dont plusieurs manufacturiers ont pris l'initiative, a aussi beaucoup contribué à faire perdre aux ouvriers l'habitude du lundi. Cette mesure consiste à arrêter, le jeudi soir, le compte des salaires, de manière à ce que la semaine de travail commence en réalité le vendredi et non plus le lundi. Le samedi soir, il reste donc dans la caisse du patron, le salaire de deux jours de travail de chacun de ses ouvriers. Si l'un d'eux ne se rend pas à son atelier le lundi matin, il sait fort bien que le patron a en mains une somme plus que suffisante pour le paiement des amendes, qui seront infligées pour absence et dont le montant sera versé dans la caisse des malades de la fabrique. Or, la certitude qu'il ne pourra se soustraire au paiement des amendes, suffit presque toujours pour ramener l'ouvrier, le lundi matin, à son travail.

Sauf quelques exceptions, ce ne sont donc plus les ouvriers des manufactures, qui ont la funeste habitude de passer au cabaret la journée ou l'après-midi du lundi.

Quelques mots suffiront pour répondre à **M.** le Préfet, relativement à la réparation des courroies et à la possibilité, pour les ouvriers, de faire leurs emplettes, d'entretenir leur ménage et d'approprier leurs effets.

Selon la Commission, la réparation des courroies peut être faite tous les jours de la semaine, soit par un ouvrier spécial appartenant à l'établissement, soit par un corroyeur du voisinage, aussitôt après l'arrêt de l'arbre ou du moteur qui donne le mouvement à la courroie. Il serait préjudiciable aux intérêts du maître, comme à ceux de l'ouvrier, d'attendre au samedi pour faire cette réparation.

Quant aux trois dernières questions, la Commission pense que, depuis que les ouvriers travaillent douze heures par jour, au lieu de quatorze, ainsi qu'on les y obligeait autrefois, il leur reste bien assez de temps disponible pour faire leurs petites emplettes et soigner leurs effets.

En résumé, la Commission, tout en rendant justice aux bonnes intentions qui ont dicté les vœux exprimés à M. le Préfet, est d'avis que les décrets des 9 septembre 1848 et 17 mai 1851, relatifs aux heures de travail dans les fabriques, ne doivent pas, quant à présent, recevoir de modifications dans le sens de ces vœux, parceque, tels qu'ils sont, ces décrets ont déjà produit d'excellents effets au point de vue de la moralisation des ouvriers.

Quant à la remise du paiement au vendredi, question qui forme l'objet principal de la lettre de **M**. le Préfet, la Commission pense que cette remise, si elle était recommandée, ne rencontrerait aucune résistance de la part des manufacturiers, et que, loin de présenter aucun inconvénient, elle viendrait ajouter aux bons résultats constatés ci-dessus, résultats que la Chambre de commerce est heureuse de pouvoir signaler à M. le Préfet.

INTRODUCTION D'ÉCHANTILLONS DE TULLES FABRIQUÉS A L'ÉTRANGER.

— 27 Octobre 1855 —

RENSEIGNEMENTS FOURNIS A M. LE MINISTRE DE L'AGRICULTURE, DU COMMERCE ET DES TRAVAUX PUBLICS.

MONSIEUR LE MINISTRE,

D'après l'invitation de Votre Excellence, la Chambre de commerce de Lille a eu l'honneur de lui adresser, le 4 de ce mois, des observations sur une demande d'admission exceptionnelle d'échantillons de tulle de coton fabriqués en Angleterre, et destinés à faciliter les opérations du commerce d'exportation.

Tout en combattant l'admission définitive au droit de 30 p. %, qui lui paraissait offrir des inconvénients, la Chambre avait pensé que l'introduction temporaire, à charge de réexportation, avec la garantie d'une caution représentant la moitié de la valeur, constituerait un moyen terme pouvant concilier les deux intérêts engagés dans la question.

La Chambre de commerce de Calais, également consultée et représentant plus spécialement l'industrie des tulles de coton, a pensé que l'autorisation devait être refusée d'une manière absolue, et elle a appuyé son avis de considérations sur lesquelles Votre Excellence a bien voulu appeler l'attention de la Chambre de commerce de Lille.

D'un autre côté, des observations ont été adressées à cette dernière Chambre par les fabricants de tulles et les filateurs de coton de sa circonscription, qui s'alarment de la mesure projetée, pour deux motifs principaux :

1° Il ne s'agit pas, en réalité, d'une admission à titre purement exceptionnel, puisque la faculté d'importation devrait être accordée à ceux qui en réclameraient le bénéfice dans les mêmes conditions, ce qui modifierait singulièrement le régime de prohibition sous lequel sont placés les tulles de coton ; 2° cette admission favoriserait la fraude, puisqu'elle légitimerait la possession des tulles étrangers et empêcherait les recherches à l'intérieur, qui sont l'un des moyens employés par la Douane pour réprimer la contrebande.

Ces considérations, et le but que les pétitionnaires espèrent atteindre, ont convaincu la Chambre que l'admission, même temporaire, susceptible de devenir définitive par l'abandon du cautionnement, n'est pas exempte des inconvénients qu'elle avait reconnus à la demande qui lui a paru prudent de ne pas accueillir.

ALIMENTATION ÉCONOMIQUE DES OUVRIERS

— 21 Décembre 1855 —

RAPPORT FAIT A LA CHAMBRE DE COMMERCE

Messieurs,

Il résulte des renseignements recueillis par la Commission, que, depuis plusieurs années, divers essais ont été faits par l'Administration municipale de Lille et dans quelques communes suburbaines, pour distribuer des portions de denrées alimentaires, préparées d'avance et destinées à la nourriture des ouvriers.

Les portions étaient composées à peu près de la même manière qu'elles le sont dans l'établissement de Lenden (Hanôvre). Les pommes de terre formant la base de la nourriture, étaient cuites avec du riz, des haricots et d'autres légumes.

Elles étaient délivrées à la classe ouvrière, notamment au bureau de bienfaisance de Lille et à la mairie des communes suburbaines. Divers manufacturiers en faisaient même transporter jusque dans leurs établissements. L'ouvrier n'avait à payer que 10 centimes par portion d'un litre : c'était le prix de revient.

Les denrées avaient été achetées par fortes quantités, de sorte que le prix réclamé aux ouvriers était très-réduit, comparativement à tout ce qu'ils peuvent obtenir par eux-mêmes.

Cependant, tous les essais tentés pour arriver à faire adopter par la classe ouvrière, les potages et les portions à prix réduit, sont demeurés sans résultat, jusqu'à présent, tant dans la ville de Lille que dans la banlieue.

Il n'en a pas été de même dans la campagne.

L'indifférence des ouvriers de la ville et des faubourgs tient à plusieurs causes :

Il existe dans ce grand centre industriel, de même qu'à Roubaix, une multitude de petits établissements, petits cabarets ou gargotes, où l'on prépare des portions de nourriture pour les ouvriers, à des prix fort bas, eu égard à la quantité et à la qualité qu'on leur donne.

Nous nous sommes fait représenter divers aliments, notamment une portion du prix de 15 centimes. Cette portion était servie de manière à être consommée sur place, ou à être emportée dans les fabriques du voisinage, ainsi que cela se pratique à Lille et dans la banlieue.

Elle était composée de bœuf . . . . 70 grammes
   —   —   pommes de terre . . 70   —
   —   —   carottes. 30   —

Le tout bien cuit et accompagné de poivre, sel et moutarde, en grande quantité.

Le potage obtenu en cuisant les portions dont la composition vient d'être indiquée, se vend 10 centimes le demi-litre. C'est du bouillon de bœuf, assez léger sans doute, mais d'une bonne qualité.

L'ouvrier de ce pays obtient donc, dans les endroits où il va habituellement prendre sa nourriture, un potage et un petit plat de viande et légumes, pour 25 centimes, et il paraît préférer la continuation de ses habitudes à tout autre système qui y apporterait un changement. Il peut, dans les établissements qu'il fréquente, se reposer pendant une heure ; il a sa place au feu et à la lumière ; il peut fumer et causer avec ses compagnons de travail ; il a, en un mot, sa liberté, et il serait bien difficile de l'amener à changer ce genre de vie.

Au nombre des causes ayant occasionné le refus, de la part des ouvriers de ce pays, de consommer les portions, tenues à leur disposition, par le bureau de bienfaisance de Lille, il faut mettre en première ligne la préférence qu'ils donnent au pain. On a constaté que les Allemands s'en soucient très-peu, et que les pommes de terre leur en tiennent lieu. Nous sommes forcés de constater, au contraire, que, pour l'ouvrier lillois, rien ne peut remplacer le pain.

On avait pensé que si les ouvriers, travaillant dans les fabriques de la ville, restaient indifférents devant les efforts qui étaient faits pour leur fournir des aliments à bon marché, il n'en serait pas de même des femmes travaillant chez elles, et dont la principale occupation consiste à soigner leurs enfants; mais, de ce côté, encore, les portions à prix réduits ont été délaissées, parce que les femmes ne pouvaient ou ne voulaient pas se déplacer pour aller les chercher dans les endroits où on les distribuait.

Ainsi qu'il a été dit plus haut, on a mieux réussi dans les campagnes que dans la ville. On cite plusieurs établissements, situés à quelque distance de l'agglomération de Lille, et tout particulièment celui de MM. Scrive frères, à Marquette, où les ouvriers reçoivent, moyennant 10 ou 15 centimes, des portions de soupe, viande et légumes. Mais dans les campagnes, et notamment à Marquette, il n'existe pas, comme dans les centres industriels, des petits cabarets qui font leur spécialité de nourrir les ouvriers à bon marché.

En résumé, les membres de la Commission pensent que de nouveaux efforts pour engager les ouvriers de Lille et de Roubaix à faire usage des aliments préparés par les soins des administrations municipales ou des manufacturiers, n'auraient pas plus de succès que n'en ont eu les tentatives faites dans ce pays, il y a quelque temps, et qu'on ne saurait obtenir ici un résultat satisfaisant au point de vue où l'on s'est placé, en créant l'atelier culinaire du Hanôvre.

PRIX DES COTONS FILÉS EN 1854, 1855 & 1856 SUR LES PRINCIPAUX MARCHÉS DE FRANCE & D'ANGLETERRE

— 9 Janvier 1857 —

RENSEIGNEMENTS FOURNIS A M. LE MINISTRE DE L'AGRICULTURE,
DU COMMERCE ET DES TRAVAUX PUBLICS

COTONS RETORS POUR TULLE

Prix de vente en septembre 1854, en 1855 et 1856, sur la place de Calais, pour les premières qualités françaises et anglaises, escompte 2 p. %o et 30 jours par entremise de commissionnaires, et par paquet de 2 livres anglaises, ou 907 grammes.

Nos anglais	PRIX des premières Filatures françaises			PRIX de la Filature Takeray, de Nottingham			PRIX de deux autres bonnes Filatures anglaises, sur la même place, en 1856	
	1854	1855	1856	1854	1855	1856	Swindell	Oliver et Sons
170	25 »	24 »	24 50	29 34	28 41	26 51	25 40	25 50
180	27 50	25 50	26 »	31 05	30 12	28 »	27 15	26 80
200	30 50	28 »	30 »	34 88	33 60	32 23	31 30	29 20
220	35 »	32 »	34 »	39 95	38 50	37 42	36 »	34 40
230	38 »	35 »	37 »	43 79	42 53	41 25	38 »	36 »
240	42 »	38 »	40 »	47 62	46 36	44 45	40 75	39 »
250	46 »	42 »	44 »	52 72	50 18	44 28	44 »	41 50

COTONS RETORS POUR TULLE

Prix de vente en septembre 1854, en 1855 et 1856, sur les places de Nottingham et Manchester, par paquet de 2 livres anglaises, 907 grammes.

Nᵒˢ anglais	PRIX de la Filature Takeray à Nottingham.			PRIX des 1ʳᵉˢ qualités françaises, à Calais			REMARQUE
	1854	1855	1856	1854	1855	1856	En décembre 1856, les affaires étant très-actives en Angleterre, les filateurs ont remonté leurs prix.
170	19 58	18 54	16 67	25 "	24 "	24 50	
180	21 25	20 20	18 12	27 50	25 50	26 "	
200	25 "	23 75	22 50	30 50	28 "	30 "	
220	30 "	28 75	27 50	35 "	32 "	34 "	
230	33 75	32 50	31 25	38 "	35 "	37 "	
240	37 50	36 25	34 38	42 "	38 "	40 "	
250	42 50	40 "	38 12	46 "	42 "	44 "	

COTONS FILÉS SIMPLES

Prix de vente, en Septembre 1854, en 1855 et 1856, sur la place de Tarare, pour les premières qualités françaises et anglaises, escompte 8 p. °/₀, par entremise de commissionnaires.

Numéros anglais	Numéros de Tarare	Premières filatures françaises Prix d'un kilogramme			Filature de Houldsworth de Manchester. Prix d'un kilogramme			REMARQUE	
		1854	1855	1856	1854	1855	1856	Prix de Houldsworth du 10 févr. 1855 au 1ᵉʳ août 1856	Prix de M D bonne qualité anglaise, en 1855 et 1856
170	188	31 20	31 96	32 71	36 36	35 23	36 73	32 61	28 48
180	198	34 05	34 84	35 64	38 89	37 70	39 23	34 92	30 95
190	210	37 38	38 22	39 48	41 89	40 63	42 31	38 12	33 51
200	220	40 48	41 36	42 68	45 86	44 54	45 86	41 89	36 60
210	230	43 70	44 62	46 "	50 47	48 62	50 01	46 30	39 82
220	242	48 40	49 36	50 82	54 81	52 87	54 33	50 45	43 17
230	252	53 92	54 93	56 44	60 85	59 33	60 85	56 29	46 66
240	262	61 30	62 35	62 88	68 26	66 15	67 73	62 97	51 33
250	272	68 54	69 63	70 72	76 07	74 97	76 62	70 56	57 88
260	285	77 52	78 66	79 80	94 02	89 42	90 58	88 29	64 21

COTONS RETORS POUR TULLE

En Septembre 1853, en 1854, 1855 et 1856

VARIATION DES PRIX SUR LA PLACE DE CALAIS

Nos anglais	ANGLAIS (Filature Takeray)				Nos anglais	FRANÇAIS				ANGLAIS Filature OLIVER et sons — Septembre 1856
	1853	1854	1855	1856		1853	1854	1855	1856	
180	29 80	31 05	30 12	28 »	170	24 50	25 »	24 »	24 50	25 50
200	33 50	34 88	33 60	32 23	180	26 50	27 50	25 50	26 »	26 80
220	38 50	39 95	38 50	37 42	200	30 »	30 50	28 »	30 »	29 20
230	42 »	43 79	42 53	41 25	220	36 »	35 »	32 »	34 »	34 40
240	45 90	47 62	46 36	44 45	240	42 »	42 »	38 »	40 »	39 »
250	50 80	52 72	50 18	48 28	250	45 »	46 »	42 »	44 »	41 50
	240 50	250 01	241 29	231 63		204 »	206 »	189 50	198 50	196 40
Comparativement à 1853.	Hausse moyenne : 3,98 %	Hausse moyenne : 0,33 %	Baisse moyenne : 3,69 %		Comparativement à 1853.	Hausse moyenne : 0,98 %	Baisse moyenne : 7,10 %	Baisse moyenne : 2,70 %		

NOTA. Les numéros 260 à 300 n'ont donné lieu à aucune transaction dans les années 1854, 1855 et 1856.

COTONS RÉCOLTÉS DANS LES COLONIES FRANÇAISES

— 7 Février 1857 —

LETTRE A MONSIEUR LE MINISTRE DE LA MARINE

Monsieur le Ministre,

La Chambre de commerce de Lille a l'honneur de répondre aux dépêches de Votre Excellence, des 9 décembre et 20 janvier derniers, relatives aux cotons fins des colonies françaises.

La Chambre a profondément regretté que la vente de quelques ballots de ces cotons n'ait pas réalisé les espérances qu'avaient fait concevoir les appréciations des Jurys de l'Exposition universelle, des Concours agricoles et des filateurs de l'Alsace.

Voici quels sont, dans l'opinion de la Chambre, les principaux motifs de cette défaveur, à laquelle elle attribue un caractère purement accidentel :

Les cotons longue soie fins sont, par leur nature même, d'un emploi difficile, quelle que soit, d'ailleurs, leur provenance ; les marques connues dans les cotons d'Amérique obtiennent seules des prix élevés. Les cotons de la Guadeloupe et de la Guyane, étant tout-à-fait inconnus des filateurs, devaient nécessairement rencontrer beaucoup de froideur de la part des acheteurs. C'est effectivement ce qui a eu lieu.

D'un autre côté, on a remarqué des mélanges, c'est-à-dire des qualités différentes dans une même balle, et cette remarque a jeté certaine défaveur sur les produits, parce que les mélanges augmentent les difficultés de la filature.

Enfin, et cette considération est la principale, les petits échantillons exposés en vente ne représentaient que des parties insignifiantes, pouvant servir tout au plus à des expérimentations d'essai.

Cependant l'impression générale n'en a pas moins été, à Lille, très-favorable à la nature du coton présenté. Plusieurs filateurs ont déclaré qu'à leur avis, les produits de la Guadeloupe et de la Guyane se placeront facilement, quand ils seront mis en vente dans des conditions ordinaires de préparation et de soins, qui sont indispensables pour le coton longue soie.

Un filateur des environs de Lille, qui a consommé trois des balles vendues au Hâvre, a déclaré en avoir été très-satisfait.

Cette impression favorable, dans une localité où l'on emploie une grande quantité de cotons Georgie longue soie, permet d'espérer un meilleur accueil pour les produits de la nouvelle récolte.

Dans le but d'améliorer la culture de nos colonies, Votre Excellence demande à la Chambre de mettre à sa disposition, pour être envoyée aux planteurs, une certaine quantité de graines prises, à Lille, dans les filatures n'employant que les Georgie longue soie les plus fins.

Cette expérience qui, à une autre époque, a été faite avec succès, pour la culture du coton d'Egypte, présenterait, aujourd'hui, plus de difficultés qu'autrefois.

En effet, les filatures de la localité emploient maintenant des Géorgie longue soie de six à huit classes, c'est-à-dire de six à huit qualités différentes. Il y a donc à craindre des mélanges, malgré les soins des filateurs et les recommandations qu'ils pourront faire à leurs ouvriers.

Il ne pourrait d'ailleurs, être recueilli que des quantités très-restreintes, l'égrénage des cotons ayant fait, aux lieux de production, de sensibles progrès depuis quelques années.

Quoi qu'il en soit, la Chambre s'empressera, si Votre Excellence le désire, de réclamer le concours des filateurs, et elle est certaine qu'il ne lui fera pas défaut; il faudra seulement beaucoup de temps pour recueillir une certaine quantité de graines.

Peut-être l'administration de la marine arriverait-elle plus sûrement et plus promptement au but que l'on poursuit, en demandant au département de la guerre une portion des graines qu'il tire chaque année d'Amérique pour la culture de l'Algérie, ou en faisant acheter directement, par les agents français, des graines de choix à Charleston, qui est le principal marché des graines des différentes espèces de cotons cultivées en Amérique.

IMPORTATION EXCEPTIONNELLE DE FILS DE COTON POUR L'ALIMENTATION DES MACHINES A COUDRE

— 9 Mars 1857 —

OBSERVATIONS PRÉSENTÉES A M. LE MINISTRE DE L'AGRICULTURE,
DU COMMERCE ET DES TRAVAUX PUBLICS

MONSIEUR LE MINISTRE,

Par une dépêche en date du 28 février dernier, Votre Excellence a bien voulu autoriser la Chambre de commerce de Lille à lui adresser des observations sur une demande d'importation exceptionnelle de coton filé anglais, en bobines, Nos 40 à 80, pour l'alimentation d'une machine à coudre.

Le pétitionnaire fonde sa demande sur l'impossibilité qui existe, pour lui, de se procurer, chez les filateurs français, des cotons filés d'assez bonne qualité pour l'emploi qu'il en veut faire.

La Chambre de commerce ne pense pas que ce motif soit sérieux ; en effet, bien que la machine à coudre soit beaucoup moins employée en France qu'en Amérique et en Angleterre, à cause du prix, relativement moins élevé de la couture à la main, un assez grand nombre de filateurs se sont, cependant, mis à produire des fils de coton spéciaux pour le travail de cette machine. Parmi ces filateurs, on cite notamment :

En Alsace, MM. Dolfus-Miège et Cie,
     Michel Gered, Dyoug et fils,
     Opperman et Spack ;
A Paris, MM. Ch. Dejaeghere,
     Ch. Besson,
     Michelet fils aîné ;
A Lille, MM. Gustave Toussin,
     Yon.

Une seule filature peut suffire, quant à présent, à la consommation de l'article en France.

Pour ce qui concerne sa circonscription, la Chambre de commerce de Lille croit pouvoir affirmer que l'on y produit des fils à coudre, en coton, de tous les numéros, et que ces fils, à part une différence de prix résultant des conditions de la production, ne sont sous aucun rapport, inférieurs aux fils anglais.

Si, par exception, la qualité du coton à coudre, qui se trouve dans le commerce, ne suffit pas, on peut toujours obtenir une qualité supérieure, en donnant en fabrique une commission spéciale, et en autorisant le filateur à employer, comme matière première, le coton longue soie, et à augmenter le nombre des doublages.

On produit, notamment, des fils 9 bouts, de Géorgie longue soie, qui sont de première force.

En cette matière, comme en tout autre, la perfection et la qualité du produit, dépendent du prix que l'on veut y mettre.

Il ne faut pas perdre de vue, d'ailleurs, que parmi les machines à à coudre entrées en France, bon nombre se sont trouvées d'une confection défectueuse. La perfection plus ou moins grande de ce genre de machines exerce une très-grande influence sur son travail, quelle que soit la qualité du fil employé.

Si, en présence des affirmations contradictoires des producteurs et des consommateurs, Votre Excellence voulait, pour s'éclairer plus complètement, recourir à une épreuve matérielle, il lui suffirait d'adresser à la Chambre un échantillon du fil que l'on veut obtenir, ou même de lui en indiquer la nature, par la désignation de la matière première, du numéro et du mode d'assemblage.

BATTAGE & ÉPLUCHAGE DU COTON DANS LES PRISONS

— 10 Août 1857 —

RENSEIGNEMENTS FOURNIS A M. LE PRÉFET DU NORD

MONSIEUR LE PRÉFET,

Vous m'avez fait l'honneur de m'adresser en communication, le 23 juin dernier, pour être soumis à l'examen de la Chambre de commerce de Lille, une demande de M. l'entrepreneur du service des prisons départementales, tendant à obtenir une réduction sur les prix payés aux détenus pour le battage et l'épluchage du coton.

M. l'entrepreneur fonde cette demande sur l'introduction, dans l'industrie libre, d'une machine produisant le même travail, à des prix de revient bien inférieurs à ceux des tarifs en vigueur.

Il est vrai, Monsieur le Préfet, qu'il existe, dans la filature du coton, une machine nouvelle, dite *ouvreuse*, destinée à remplacer le travail à la main pour le battage et le nettoiement du coton. Deux filateurs du rayon de Lille, l'ont introduite dans leur établissement ; l'un, il y a environ un an, l'autre, il y a trois mois ; plusieurs autres filateurs en ont tout récemment donné la commande et recevront la même machine d'ici à quelque temps.

Une seule ouvreuse, conduite par une ou deux personnes, remplace, pour presque toutes les qualités de coton, le personnel des batteurs et des éplucheuses d'une filature ; il est donc probable que le travail de cette machine se substituera, dans un temps plus ou moins rapproché, au travail à la main qui se fait par les ouvriers libres et les détenus.

Quoiqu'il en soit, jusqu'ici, il n'en est pas encore résulté, dans l'industrie libre, une diminution du prix de façon, laquelle pourrait prolonger la lutte, mais n'empêcherait pas le travail à la main de succomber.

Il est donc désirable que l'Administration s'occupe de rechercher, pour les détenus, un autre genre de travail, au lieu d'aggraver la position de l'ouvrier libre par une réduction des prix.

Déjà les prix des prisons présentent une notable différence, comparativement à ceux du travail libre.

Ces derniers prix se règlent de la manière suivante :

Coton extra-fin pour cardes, au kilog. . . .		1	50
fin	id.	id.	1 40
ordinaire	id.	id.	1 10
extra-fin pour peigneuses	id.	1	»
fin	id.	id.	» 75
ordinaire	id.	id.	» 60

Le tarif des prisons ne comprend qu'une seule qualité de coton, et il alloue :

Coton pour cardes.	» 60
pour peigneuses . . .	» 30

L'écart qui sépare ces prix, même en tenant compte de la grande variété de genre et de qualité existant dans les cotons, est suffisant pour que les détenus n'aient pas à redouter la concurrence de l'ouvrier libre.

C'est bien plutôt la position de celui-ci qui deviendra critique, pendant le déclassement qui résultera de l'emploi de la nouvelle machine.

La petite industrie des batteurs et des éplucheuses de coton est cependant digne d'intérêt. L'épluchage du coton se fait généralement, à Lille et dans les faubourgs, par des femmes d'ouvriers, mères de familles qui, tout en soignant leur ménage et leurs enfants, trouvent encore dans cette main-d'œuvre une petite ressource. Un assez grand nombre de femmes n'ont même pas d'autre moyen d'existence.

Ces considérations, que la Chambre de commerce m'a chargé de vous soumettre, vous permettront, Monsieur le Préfet, d'apprécier la suite qui peut être donnée à la demande de **M.** l'entrepreneur du service des prisons.

FILATURE DU COTON DANS LA MAISON CENTRALE DE LOOS

— 12 Novembre 1857 —

TARIF PROPOSÉ PAR LA CHAMBRE DE COMMERCE

La Chambre de commerce de Lille, consultée sur la question de savoir quel pourrait être le salaire à payer aux détenus, pour leur travail dans la maison centrale de Loos, sur des métiers de 216 broches à filer le coton, propose le tarif ci-dessous, sans diminution à faire pour frais de machine à vapeur et d'éclairage, ou pour tous autres frais généraux.

BASES DU TARIF.

Un centime par chaque numéro de coton filé, *jusqu'au numéro* 100 inclusivement.

Deux centimes par chaque numéro *dépassant* 100, en commençant par compter les 100 premiers numéros à un centime l'un.

Le quart du produit du métier pour le rattacheur, et les trois autres quarts pour le fileur.

Numéro du fil	PRIX au kilog.	Numéro du fil	PRIX au kilog.	Numéro du fil	PRIX au kilog.	Numéro du fil	PRIX au kilog.	Numéro du fil	PRIX au kilog.	Numéro du fil	PRIX au kilog.
20	» 20	52	» 52	84	» 84	116	1 32	148	1 96	180	2 60
22	» 22	54	» 54	86	» 86	118	1 36	150	2 »	182	2 64
24	» 24	56	» 56	88	» 88	120	1 40	152	2 04	184	2 68
26	» 26	58	» 58	90	» 90	122	1 44	154	2 08	186	2 72
28	» 28	60	» 60	92	» 92	124	1 48	156	2 12	188	2 76
30	» 30	62	» 62	94	» 94	126	1 52	158	2 16	190	2 80
32	» 32	64	» 64	96	» 96	128	1 56	160	2 20	192	2 84
34	» 34	66	» 66	98	» 98	130	1 60	162	2 24	194	2 88
36	» 36	68	» 68	100	1 »	132	1 64	164	2 28	196	2 92
38	» 38	70	» 70	102	1 04	134	1 68	166	2 32	198	2 96
40	» 40	72	» 72	104	1 08	136	1 72	168	2 36	200	3 »
42	» 42	74	» 74	106	1 12	138	1 76	170	2 40	202	3 04
44	» 44	76	» 76	108	1 16	140	1 80	172	2 44	204	3 08
46	» 46	78	» 78	110	1 20	142	1 84	174	2 48	206	3 12
48	» 48	80	» 80	112	1 24	144	1 88	176	2 52	210	3 20
50	» 50	82	» 82	114	1 28	146	1 92	178	2 56		

NUMÉROTAGE DES FILS DE COTON.

— 5 Avril 1858 —

RENSEIGNEMENTS FOURNIS A M. LE PRÉSIDENT DE LA CHAMBRE
DE COMMERCE DE ROUEN.

MONSIEUR ET CHER COLLÈGUE,

La Chambre de commerce de Lille vient de répondre à la communication ministérielle relative aux prix comparatifs des cotons filés en France et en Suisse.

Les prix indiqués par la Chambre consultative de Tarare, pour les cotons provenant des filatures de Lille, sont exacts, ou peu s'en faut, pour les cours de décembre dernier ; depuis lors il y a eu baisse assez sensible, sous l'influence de la crise commerciale.

Il nous a paru que les prix appliqués par Tarare aux produits de **MM**. N. Schlumberger et Cie s'éloignent de la vérité, surtout dans les numéros les plus bas, et qu'il en est de même pour bon nombre de fils importés de Suisse qui figurent sur les tableaux.

Voici, pour le surplus, les renseignements réclamés par votre lettre du 29 mars :

Concordance du numéro anglais avec le numéro métrique :

Multiplier le numéro anglais par 846,85 pour obtenir le nombre de mètres contenus dans un demi-kilogramme, ainsi :

N° 10 anglais multiplié par 846,85 correspond au N°   8,468 ⎫
  20   id.   id.   id.   16,937 ⎬ métrique
 100   id.   id.   id.   84,685 ⎭ français.

La différence entre le numéro français et le numéro anglais est donc de 2/13 environ.

Concordance du numéro de Tarare avec le numéro métrique :

Voir la deuxième table de l'ordondance du 26 mai 1819, sur le numérotage des fils de coton : dans cette table, une colonne spéciale pour le système de 625 aunes (l'ancien écheveau de Tarare) est établie d'après les termes de la proportion ci-après :

Le nombre d'aunes de l'ancien système est à 823.9 comme le numéro nouveau est à l'ancien.

Pour trouver la concordance du N° 10 métrique avec le numéro de Tarare, on doit donc opérer comme suit :

625 : 823,9 : : 10 métrique : $x = 13.18$ de Tarare.

Et pour trouver la concordance du numéro de Tarare avec le numéro métrique, il faut modifier ainsi la proportion :

823.9 : 625 : : 10 de Tarare : $x = 7.58$ métrique

INDUSTRIE COTONNIÈRE — INDUSTRIE LAINIÈRE — NUMÉROTAGE DES FILS.

— 6 Septembre 1858 —

LETTRE A M. LE PRÉSIDENT DE LA CHAMBRE DE COMMERCE, A ROUEN.

Monsieur et cher Collègue,

Vous avez, par une dépêche du 28 juillet dernier, appelé l'attention de la Chambre de commerce de Lille, sur l'utilité de l'adoption d'un mode uniforme de numérotage de fils de laine et de coton, dans tous les centres industriels.

La Chambre de commerce de Lille partage, sur ce point, votre manière de voir ; elle est depuis longtemps en instance auprès du Gouvernement pour obtenir des mesures règlementaires, obligatoirement applicables à tous les produits de filature.

Ses demandes, souvent répétées et accueillies favorablement en principe par l'Administration, n'ont cependant pas encore atteint le but. Elle espère que les observations de la Chambre de Rouen se propose de formuler, sur cette question, en hâteront la solution.

Pour ce qui concerne les fils de coton, le mode établi par l'ordonnance du 26 mai 1819 est généralement suivi à Lille. Le nombre de mètres contenus dans un demi-kilogramme indique le numéro.

La fabrique de Calais, avait, à différentes époques, obtenu du

Ministre du Commerce, que le dévidage anglais fût appliqué aux fils de coton pour tulle; mais cette tolérance a cessé d'exister, par suite des réclamations des filateurs français.

Tarare raisonne toujours ses numéros de coton, d'après l'ancien système. Cependant tout ce que sa fabrique emploie est dévidé selon le système métrique. Cela tient à une vieille habitude de langage qui peut engendrer des erreurs. J'ai eu l'honneur de vous adresser, sur votre demande, des renseignements précis, à ce sujet, le 5 avril dernier.

Le numérotage des fils de laine n'a pas la même uniformité que celui des fils de coton.

M. Wattine-Bossut, l'un des membres de la Chambre de commerce de Lille, a transmis à la Chambre de Rouen où à l'un de ses membres, des indications sur l'usage des filatures de Roubaix, indications auxquelles je me réfère et qui se trouvent, d'ailleurs, complétées par les échantillons que je vous fais parvenir.

Je renferme, dans le même paquet, quelques échantillons de fils de coton simples et retors.

CONFECTION DES FILETS DE PÊCHE.

— 7 Mai 1859 —

RENSEIGNEMENTS FOURNIS A M. LE MINISTRE DE L'AGRICULTURE, DU COMMERCE ET DES TRAVAUX PUBLICS.

MONSIEUR LE MINISTRE,

Par une dépêche du 15 avril, Votre Excellence a chargé la Chambre de commerce de prendre des informations sur la question de savoir si les filateurs du Nord seraient en mesure de fournir, à l'industrie française, les cotons filés dont elle aurait besoin, pour la confections des filets de pêche.

Afin d'être bien fixée, non seulement sur la question posée, mais encore sur les intérêts que peut y avoir la marine nationale, la Chambre a cru devoir suivre les indications que renferme votre dépêche, et prendre ses informations au double point de vue de l'intérêt de l'industrie manufacturière et de celui de la marine.

En ce qui concerne la filature de Lille, le fil de coton destiné à la fabrication des filets de pêche n'est pas chose nouvelle pour elle, puisque depuis plus de sept ou huit ans elle a fourni des cotons filés destinés à l'emploi dont il s'agit. Les fabricants de filets de pêche ont demandé un cordonnet 3 fils de 3, assemblés en un, en N° 8 à 12 $^{m}/_{m}$. Ce fil a été envoyé. Il en serait de même de tout autre genre de fil de coton dont les fabricants de filets pourraient avoir besoin. La finesse du tissu et la souplesse des mailles, dans les filets de pêche, seront toujours d'autant plus faciles à obtenir, que le fil de coton qu'on emploiera sera plus fin.

Quant aux prétendus avantages qui ont été obtenus par les pêcheurs qui se sont servis des filets de coton de préférence aux autres, les renseignements parvenus à la Chambre l'éloignent de la pensée que ces avantages résultent de la nature de la matière textile employée.

En effet, contrairement aux renseignements qui sont parvenus à votre département, il paraît, de l'aveu même des pêcheurs qui ont fait la dernière campagne avec des filets en coton, que cette matière, comparativement au chanvre, est d'un usage plus dispendieux et plus dangereux ; que les filets en coton sont complètement hors de service après un seul voyage, tandis que les filets en chanvre peuvent n'être renouvelés que tous les trois ans ; que, d'un autre côté, dans les voyages de long-cours, il est impossible aux pêcheurs de faire sécher leurs filets en coton, que la fermentation les consómme et les brûle. Si l'ont en croit même certains pêcheurs, des incendies seraient déjà résultés de cette fermentation.

Le seul avantage qui pourrait résulter pour les pêcheurs, de l'emploi des filets en coton de préférence à ceux en chanvre, serait d'obtenir une légèreté plus grande; et par suite des dimensions plus considérables, au moyen desquelles un plus grand nombre de poissons viendraient se faire prendre.

Tels sont, Monsieur le Ministre, les renseignements que la Chambre a obtenus, et l'appréciation qu'elle a cru pouvoir soumettre à Votre Excellence.

MAISON CENTRALE DE LOOS. — TARIF DU TRAVAIL DES DÉTENUS.

— 10 Décembre 1860 —

RAPPORT FAIT A LA CHAMBRE PAR L'UN DE SES MEMBRES.

Messieurs,

Par une lettre, portant la date du 20 novembre dernier, M. le Préfet a renvoyé à l'examen de la Chambre de commerce le nouveau tarif, proposé par M. Lambry-Scrive fils, concessionnaire de la filature de coton qui existe dans l'établissement pénitentiaire de Loos.

La lettre de M. le Préfet était accompagnée d'un rapport de M. le Directeur dudit établissement et d'un état de propositions contenant, non-seulement l'indication des salaires proposés pour la main-d'œuvre, dans toutes les parties de fabrication de la filature, mais encore les observations du concessionnaire et celles de l'Administration sur le tarif présenté.

Après l'examen attentif de ces divers documents, que nous avons rapprochés de l'ancien tarif, résultant de la décision ministérielle du 21 janvier 1858, des renseignements ont été pris, tant dans la filature de la Maison centrale de Loos, que dans divers établissements libres, situés dans le rayon industriel de Lille. Il est résulté de ces investigations et de plusieurs considérations, dont les principales sont énoncées ci-après, que nous avons été amenés à reconnaître qu'il y a lieu d'appliquer le tarif suivant, pour le paiement de la main-d'œuvre des détenus employés audit travail.

CARDERIE ET PRÉPARATIONS.

Le travail des détenus devant être payé au même taux que celui des ouvriers libres, moins un cinquième, la Chambre n'a point à apprécier si le nombre d'ouvriers employés dans la carderie de la Maison centrale de Loos est ou non excessif. Le taux résultant de la décision ministérielle de 1858, doit être maintenu, puisqu'il est dans la limite d'un cinquième en moins, comparativement au salaire que paie l'industrie libre.

FILEURS ET RATTACHEURS.

La Chambre n'a point à s'occuper du nombre de broches dont se compose chacun des métiers à filer, ou du nombre de broches que conduit chaque fileur, pour déterminer ensuite le salaire à payer en raison de la quantité, plus ou moins considérable, des broches mises en mouvement ou dirigées par un ouvrier. Il était plus rationnel de rechercher le prix que paie l'industrie libre, par chaque kilogramme de fil de coton, suivant le degré de finesse de ce fil.

Or, les recherches faites dans cet ordre d'idées donnent, pour la moyenne des prix de main-d'œuvre qui se pratiquent dans les filatures plus ou moins importantes ou plus ou moins bien montées, les chiffres ci-après, ayant subi la diminution d'un cinquième du taux primitif, pour la cause indiquée ci-dessus.

En conséquence, il y a lieu de fixer le tarif suivant, pour la main-d'œuvre à payer aux fileurs par kilog., rattacheurs compris.

BASES DE CE TARIF.

8/10 de centime par numéro jusqu'au N° 80 inclusivement.

1 centime par chaque numéro dépassant 80, jusqu'à 100, les 80 premiers numéros étant comptés à 8/10 de centime l'un.

NUMÉRO DU FIL	Main-d'œuvre au numéro	NUMÉRO DU FIL	Main-d'œuvre au numéro
30 mille mètres	» 24 »	66 mille mètres	» 52 8
32 »	» 25 6	68 »	» 54 4
34 »	» 27 2	70 »	» 56 »
36 »	» 28 8	72 »	» 57 5
38 »	» 30 4	74 »	» 59 2
40 »	» 32 »	76 »	» 60 8
42 »	» 36 »	78 »	» 62 4
44 »	» 36 2	80 »	» 64 »
46 »	» 36 8	82 »	» 66 »
48 »	» 38 4	84 »	» 68 »
50 »	» 40 »	86 »	» 70 »
52 »	» 41 6	88 »	» 72 »
54 »	» 43 2	90 »	» 74 »
56 »	» 44 8	92 »	» 76 »
58 »	» 46 4	94 »	» 78 »
60 »	» 48 »	96 »	» 80 »
62 »	» 49 6	98 »	» 82 »
64 »	» 51 2	100 »	» 84 »

FILEURS ET RATTACHEURS A RETORDRE.

Mêmes prix que ceux résultant de la décision ministérielle du 21 janvier 1858, soit un demi centime par numéro et par kilogramme de fil pour les N°s 30 à 100 ^m/_m.

DÉVIDEURS.

6 centimes par chaque levée de quarante écheveaux de 1,000 mètres chacun.

APPRENTIS.

Mêmes conditions que celles qui ont été déterminées par la décision susdite.

———

La Chambre déclare adopter les propositions de **M.** le Rapporteur et elle décide que son travail sera soumis à **M.** le Préfet du Nord comme l'expression de l'opinion de la Chambre.

———

SITUATION DU COMMERCE ET DE L'INDUSTRIE PENDANT L'ANNÉE 1861.

COMPTE-RENDU DES OPÉRATIONS COMMERCIALES ET DE LA SITUATION INDUSTRIELLE DE LA CIRCONSCRIPTION DE LA CHAMBRE DE COMMERCE DE LILLE.

— 24 Janvier 1862 —

RAPPORT PRÉSENTÉ A M. LE MINISTRE DE L'AGRICULTURE, DU COMMERCE ET DES TRAVAUX PUBLICS

MONSIEUR LE MINISTRE,

La situation de la circonscription de la Chambre de commerce de Lille considérée à la fin de l'année 1861, présente un état de malaise général qui s'est révélé dans le cours de l'année et qui s'est aggravé sous l'influence de causes et circonstances diverses.

Les effets de cette situation peuvent se traduire par un encombrement de produits fabriqués, une vente restreinte, un chômage partiel, une réduction de salaires.

Quant aux causes qui ont amené ces fâcheux effets, il paraît à la Chambre de commerce qu'on doit principalement les attribuer à l'insuffisance de la récolte des céréales, à la cherté du pain et des denrées alimentaires de première nécessité, aux modifications que les nouveaux tarifs ont apportées aux conditions des grandes industries

de la filature et du tissage, à la réduction des salaires, à l'amoindrissement de la consommation que ces causes elles-mêmes ont amené
dans les classes les plus nombreuses des consommateurs, au conflit
américain qui a nui tout à la fois à l'approvisionnement des manufactures et au placement de leurs produits, et à la concurrence des
marchandises étrangères qui exercent sur le marché une influence
doublement fâcheuse par leur prix moins élevé et par la place qu'elles
prennent dans la consommation.

Situation de l'industrie du Coton au 31 Décembre 1861.

Il ne s'est pas créé d'établissements nouveaux dans la filature de
coton pendant l'année 1861 ; plusieurs établissements anciens sont,
au contraire, en chômage total ou partiel, la rareté et le haut prix
de la matière première ont fait à cette industrie une position exceptionnelle qui ne permet pas une appréciation raisonnée.

En effet, quoique le coton en laine soit cher et qu'il puisse devenir
rare, les fils se vendent difficilement, malgré les prix relativement
bas auxquels ils sont offerts.

Il a été importé par les bureaux de la seule direction de Lille, pendant le dernier trimestre de 1861, 313,289 k. de cotons filés, quantité considérable, pour la localité et pour un article qui était frappé
d'une prohibition à peu près absolue avant le traité de 1860.

Les gros numéros importés de la Belgique et de l'Angleterre sont
offerts à des prix inférieurs à ceux auxquels les filateurs français pourraient les produire avec des cotons payés au cours du jour de la vente
des filés.

Les filés fins trouvaient leur emploi dans la fabrication des tissus
du Cambrésis, de Calais, de Lyon, de St-Etienne, de Tarare, de
St-Quentin.

Ces différents centres ont considérablement ralenti leur production.

Les cotons filés sont abondants dans les magasins des filateurs, les acheteurs seuls font défaut.

Il ne serait pas possible d'attribuer exclusivement au conflit américain les souffrances de l'industrie cotonnière ; car lors de la crise de 1857, l'Amérique, loin de demander des tissus de coton à l'Europe, réexpédia à l'Angleterre une grande partie de ceux qu'elle en avait reçus ; et cependant cette époque fut une époque de prospérité pour la filature et le tissage français.

EXAMEN D'ÉCHANTILLONS DE COTONS D'ALGÉRIE

— 27 Janvier 1862 —

RENSEIGNEMENTS ADRESSÉS A M. LE PRÉSIDENT DE LA
COMMISSION DES COTONS DE LA SOCIÉTÉ NATIONALE
D'AGRICULTURE A ALGER.

———

MONSIEUR LE PRÉSIDENT ,

La Chambre de commerce de Lille a reçu les échantillons de coton, dont vous avez annoncé l'envoi par votre lettre du 12 décembre dernier, et elle les a examinés avec tout l'intérêt qu'elle porte au développement de la culture du coton dans l'Algérie.

Elle a reconnu tout d'abord que cette culture avait réalisé de remarquables progrès, pendant la dernière année.

Après avoir pris l'avis des principaux filateurs de sa circonscription, il lui a paru qu'il pouvait être répondu de la manière suivante aux diverses questions que vous lui avez soumises.

PREMIÈRE QUESTION. — *Quels sont les numéros, soit fil simple, soit fil retors, qu'il serait possible de filer, avec chacun des échantillons envoyés ?*

DEUXIÈME QUESTION. — *Quelles sont leurs qualités, comme finesse et comme force de soie.*

	N° 1 Courte soie Culture irriguée	N° 2 Courte soie Culture irriguée	N° 1 Longue soie Culture irriguée	N° 2 Longue soie Culture irriguée	N° 3 Longue soie Culture non irriguée
1re QUESTION.	40 à 44 m/m trame.	30 à 36 trame.	135 à 140 m/m trame. 115 à 120 m/m chaîne.	120 m/m trame. 100 trame.	100 m/m chaîne.
2e QUESTION.	Bon Ordinaire.	Ordinaire.	Fin-Faible.	Mi-Fin, assez fort.	Mi-Fin.

Les deux échantillons de courte soie, par leur belle apparence et par la finesse de la soie, sans aucun égard d'ailleurs pour les irrégularités possibles, doivent obtenir une estimation assez élevée.

Sur la place du Hâvre (les autres marchés suivent les cours du Hâvre), ils ne manqueraient pas d'être classés parmi les premières qualités des cotons courte soie, c'est-à-dire dans la qualité *ordinaire* à *bon ordinaire*, qui valait, il y a un an, 100 fr. les 50 kilog., et qui vaut aujourd'hui 160 fr. par suite du conflit américain.

OBSERVATION. — L'indication du classement qui vient d'être donnée pour les deux échantillons de courte soie, répondant à l'avance à toutes les questions qui pourraient être faites, ralativement à la qualité, la force, la préparation et la pureté de ce genre de coton, les réponses qui vont suivre devront être particulièrement appliquées au coton *longue soie*, dont la culture, comme la préparation et la filature, présente relativement un plus grand nombre de difficultés.

TROISIÈME QUESTION. — *Quels sont les défauts des types envoyés?*

Les premiers cotons longue soie, qui furent produits par l'Algérie, surtout avant 1858, étaient remarquables par la finesse des soies ; mais la faiblesse de ces soies, leur défaut d'homogénéité et leur mauvaise préparation avaient porté le découragement dans l'esprit des contre-maîtres de carderie. Après les premières *nappes* passées, les cardes s'embourraient et ne travaillaient plus convenablement : aussi la majorité des filateurs avaient-ils renoncé à l'emploi des longues soies d'Algérie. Les trois échantillons soumis ne sont pas complètement à l'abri de ces reproches ; mais le degré de finesse, qui les caractérise, doit en partie diminuer les inconvénients provenant du défaut de régularité.

Si nous avions un conseil à donner aux planteurs d'Algérie, nous n'hésiterions pas à leur dire que leur intérêt exige qu'ils continuent de suivre la voie nouvelle où ils sont entrés, dans les dernières années, et nous leur recommanderions de ne point s'attacher, quant à présent du moins, à atteindre la plus grande finesse possible, dans leurs produits.

Leur intérêt bien entendu doit les engager, avant tout, à créer, sur leurs plantations, un type de qualité moyenne qui soit pour eux d'une vente facile et assurée. Au reste, la consommation des cotons mi-fins est beaucoup plus considérable que celle des cotons fins et surtout que celle des extra-fins.

QUATRIÈME QUESTION. — *Y a-t-il une différence avantageuse ou préjudiciable entre les cotons irrigués et ceux non irrigués ?*

Le principal défaut, réellement apparent, dans les trois types *longue soie*, défaut qui se trouve surtout dans les échantillons 2 et 3, c'est encore l'irrégularité de la soie. Cette imperfection est-elle le résultat d'un mélange dans les graines, lors des semailles ; provient-elle de toute autre cause ? C'est ce que les planteurs peuvent seuls savoir ; mais comme elle amoindrit, dans une proportion très-sensible, la valeur des cotons algériens, il serait important que l'on pût arriver à une homogénéité plus complète, dans les produits d'une même plantation, En dehors de cette irrégularité, existe-t-il dans les échantillons d'autres défauts? C'est ce que l'emploi de ces cotons pourrait seul faire découvrir. En général, le coton d'Algérie, qui paraît si net et si pur, boutonne dans les cardes beaucoup plus que les cotons d'Amérique, mais, sous ce rapport, il y a progrès, et la critique doit s'appliquer surtout à des cotons plus tendres et plus fins que ceux qui nous sont soumis.

Quant à la perte résultant, pour le filateur, pendant le travail de la peigneuse, de l'irrégularité des soies, cette perte existe toujours. Les soies les plus courtes vont au déchet et occasionnent une freinte beaucoup plus considérable dans les cotons d'Algérie que dans les cotons d'Amérique. Or, nous devons faire remarquer que l'usage de la peigneuse tend à se généraliser dans les filatures qui consomment les cotons fins et mi-fins.

Au point de vue de la différence de traitement que reçoit le cotonnier dans les plantations, par l'irrigation ou la non irrigation, il nous est bien difficile de nous prononcer avant la mise en œuvre dans les filatures. Le type N° 3, c'est-à-dire le coton non irrigué, nous a paru un peu plus sec et moins doux au toucher que le N° 2 ; mais nous ne pouvons dire si l'on doit attribuer cette différence de qualité, dont nous avons au reste tenu compte dans notre estimation, à la différence de traitement de la plante ou à toute autre cause. Nous devons donc nous borner à indiquer notre préférence sans vouloir prendre parti ni pour, ni contre les irrigations.

CINQUIÈME QUESTION. — *Combien les types envoyés vaudraient-ils à Lille?*

Les cotons longue soie d'Amérique n'ont pas pu monter de 30 %, depuis quatre mois et demi, sans que les causes qui ont produit cette hausse, ne réagissent sur les cotons similaires et par conséquent sur les cotons algériens qui s'en rapprochent le plus. Nous sommes donc disposés à estimer, pour le moment présent, le type N° 1, de 2 fr. 75

à 3 fr.; le type N° 2, de 2 fr. 50 à 2 fr. 75, et le type N° 3, de 2 fr. 25 à 2 fr. 40, le tout pour le 1/2 kilog. pris à Lille, aux conditions de tare et d'escompte de la place du Hâvre. Toutefois, nous devons faire observer que ces conditions de vente constituent, dans leur ensemble, une diminution d'environ 10 %, à supporter par le propriétaire de la marchandise, sur les prix ci-dessus indiqués. Nous devons faire observer également que ces prix sont basés sur les conditions de netteté et de nuance que présentent les types soumis à l'appréciation.

SIXIÈME QUESTION. — *Quelle serait leur valeur, dans des circonstances normales?*

Si nous nous reportons au prix que la filature consentait à mettre à des cotons de qualité presque analogue, au commencement de l'année dernière, soit environ 1 fr. 75 à 1 fr. 80 le 1/2 kilog., nous devons reconnaître que la hausse sur les cotons d'Algérie a été plus forte que sur ceux des Etats-Unis. Mais il ne faut pas perdre de vue que les cotons d'Amérique, menaçant de faire complétement défaut cette année, plusieurs filateurs, en vue des éventualités que présente l'avenir, ont voulu essayer de nouveau les cotons d'Algérie. Si l'expérience que ces filateurs font en ce moment de ces cotons ne répond pas à leur attente, l'abandon deviendra plus grand qu'il ne l'a jamais été, et la valeur des cotons d'Algérie retombera même au-dessous des prix qui ont été payés jusqu'ici. Si au contraire, les essais sont satisfaisants, et nous avons la conviction qu'il en sera ainsi, nous verrons les cotons d'Algérie prendre un bon rang parmi les cotons longue soie.

SEPTIÈME QUESTION. — *Quel classement peut-on espérer, comparativement avec les sortes d'Amérique?*

Il est bien difficile, au point de vue du classement, d'assigner aux cotons d'Algérie une place fixe, comme similaires des cotons des

États-Unis. Quoi qu'il en soit, nous pouvons dire que , dans notre opinion , les échantillons envoyés se rapprochent sensiblement de la classe *Fair à Good Fair*, ou 5 à 6, suivant que l'on donnera la préférence à la finesse ou à la longueur du brin.

HUITIÈME QUESTION. — *L'augmentation de dépense, résultant du Rollergin, pour l'égrénage du coton, est-elle compensée, par une valeur vénale supérieure ?*

Depuis longtemps nous ne recevons plus, en France , que des cotons égrénés , conséquemment, nous ne nous sommes pas trouvés en position d'expérimenter les différents systèmes de machines à égréner ; nous ne connaissons pas plus le Rollergin que le Sawgin. Seulement, si l'on en croit les renseignements des Américains , l'égrénage des longues soies ne se fait jamais, chez eux, autrement que par le Rollergin. Nous devons ajouter aussi que l'égrénage des cinq types envoyés d'Algérie nous a paru parfaitement soigné.

En résumé, nous sommes heureux de déclarer , en terminant :

Que les cinq échantillons envoyés ont produit une impression des plus favorables sur la Chambre de commerce de Lille et les filateurs qu'elle a consultés ;

Que même plusieurs de ces filateurs ont déclaré qu'ils ont acheté, cette année, quelques lots de cotons d'Algérie, qu'ils les ont mis en manutention et qu'ils ont été beaucoup plus satisfaits qu'autrefois ;

Que, dans leur opinion, l'emploi de la qualité actuelle peut, désormais, devenir presque général, chez les filateurs qui consomment, comme matière première, les cinquième et sixième classes d'Amérique, surtout lorsque les planteurs auront obtenu encore un peu plus de régularité dans la longueur des soies, ce qui conduira infailliblement la filature à obtenir, de son côté, une plus grande netteté, un déchet moindre et un fil plus fort et plus fin ;

Qu'enfin les prix des cotons en laine, variant de 2 à 16 fr. par kilog., par fractions de 10 cent., cette immense variété de prix, que l'on ne rencontre dans aucune autre marchandises, indique suffisamment combien l'on tient compte, dans le commerce, des plus légères différences de qualité. Ces différences de qualité et de prix indiquent suffisamment aussi le but de certaines observations, assez minutieuses, que renferme cette lettre.

DOUANES. — DROITS SPÉCIFIQUES. — DROITS *AD VALOREM*. — APPLICATION DU TARIF DANS LES COLONIES FRANÇAISES.

— 5 Septembre 1862 —

RAPPORT PRÉSENTÉ A LA CHAMBRE PAR L'UN DE SES MEMBRES AU NOM D'UNE COMMISSION.

MESSIEURS,

Monsieur le Ministre de l'Agriculture, du Commerce et des Travaux publics, par sa lettre du 18 juillet dernier, soumet à l'appréciation de la Chambre les diverses questions suivantes :

1° Les droits *ad valorem* présentent-ils, dans l'application aux colonies, les difficultés dont le législateur s'est préoccupé et, y a-t-il pour l'industrie française, intérêt réel à la transformation de ces droits en droits spécifiques ?

2° En cas d'affirmative, la transformation devrait-elle porter sur toute la série des tissus de coton et des tissus de laine, ou ne conviendrait-il pas d'en restreindre l'application aux seules espèces qui trouvent habituellement place dans la consommation coloniale ?

3° Dans le cas où ce moyen terme serait adopté, quels seraient les caractères suffisamment pratiques, qui permettraient de distinguer les tissus, soit de coton, soit de laine, plus spécialement destinés à nos colonies? Serait-ce, comme quelques personnes paraissent portées à le penser, en combinant le poids avec le mètre carré, pour les tissus foulés par exemple, le feutrage empêchant de compter les fils ?

Après avoir examiné les différentes questions posés par M. le Ministre, nous avons reconnu tout d'abord que le système actuel des droits *ad valorem*, présente sans doute des inconvénients. Les droits *ad valorem*, ouvrent incontestablement la voie à la fraude, par de fausses déclarations, et malheureusement, ces fausses déclarations se pratiquent trop fréquemment, même en France, dans les bureaux ouverts à l'importation. L'industrie et l'administration des douanes ne les ont que trop souvent constatées, pour qu'il puisse rester quelques doutes à cet égard. A plus forte raison, comme le fait remarquer M. le Ministre, les fausses déclarations doivent se produire encore plus fréquemment dans les colonies, où le service des douanes, moins fortement constitué que dans la métropole, n'a pas toujours les éléments nécessaires, pour contrôler les valeurs déclarées.

Mais, par contre, les droits spécifiques nous paraissent devoir être sinon impossibles, au moins fort difficiles à établir.

En effet, comment et sur quelles bases parviendra-t-on à établir un droit spécifique sur les marchandises indiquées au tarif, par une dénomination collective ou générale, quoique variant à l'infini par la valeur de la matière employée, la forme, la finesse, le dessin, l'apprêt, la teinture, le blanchîment, etc., variant surtout par le temps de travail plus ou moins long qu'ont passé les ouvriers qui ont fabriqué ces marchandises ?

Parmi les articles en coton nous citerons notamment :

1° LES BAS.

Tout le monde sait qu'il existe des bas qui se vendent dans le commerce, 50 centimes la paire, tandis qu'il en existe d'autres qui valent 2 francs 50 centimes, 5 francs, 10 francs et quelquefois davantage, selon qu'ils sont plus ou moins fins et ouvragés.

2° LES TULLES NOUVEAUTÉS.

D'une part, les articles guipures et torchons, qui sont fabriqués avec de gros numéros de coton, en qualité inférieure, ne valent en fabrique que 10 et 15 francs le kilogramme, tandis que d'autre part, nous voyons certains tulles unis, les imitations de Valenciennes et les tulles dits Neuville qui se vendent 80 francs, 100 francs, 200 francs le kilogramme (1).

Cependant, ces différentes marchandises figurent au tarif, sous une dénomination unique. Comme elles, une multitude d'autres tissus se subdivisent et varient jusqu'à l'infini.

Quelles bases prendra-t-on pour les tarifer au droit spécifique ?

D'un autre côté beaucoup de tissus fins, de coton, entrent de même que les gros tissus faits avec la même matière, dans la consommation des masses, comme dans celle des classes aisées. Le tissu fin se trouvera nécessairement sacrifié par l'application d'un droit spécifique. Pourtant, c'est précisément le tissu fin qui donne une somme de travail relativement plus considérable et qui à ce titre mérite la plus grande protection. L'application du droit spécifique, pour être tout à la fois efficace et équitable, nécessiterait la création d'un nombre impossible de catégories qui viendraient augmenter, au lieu de les diminuer, les difficultés que le service de la douane rencontre actuellement dans les colonies.

Ajoutons encore qu'en ce moment les tissus de coton tendent à dou-

---

(1) En ce qui concerne les différences qui se rencontrent dans les articles de laine pure et dans les tissus mélangés, elles sont aussi marquées que dans les tissus de coton que nous venons d'indiquer.

bler ou tripler de valeur, par suite de la pénurie des cotons en laine. Les bases des droits spécifiques, subissant d'immenses variations, les droits spécifiques eux-mêmes, si l'on veut qu'ils soient équitables et proportionnels, devront donc nécessairement être modifiés suivant les circonstances qui se produiront. Il en résultera, pour la douane, des embarras nouveaux qui n'existeront pas, ou n'existeront que passagèrement, si le principe du droit *ad valorem* est maintenu.

Enfin, l'industrie française se trouve malheureusement trop souvent inférieure à l'Angleterre, lorsqu'il s'agit des articles communs. Aussi reporte-t-elle tous ses efforts sur les articles de bonne et belle fabrication, dont la valeur est nécessairement plus considérable. De leur côté les anglais savent, par leurs teintures de mauvais teint et par leurs apprêts trompeurs, donner à un tissu commun et à bon marché toute l'apparence d'une marchandises bien soignée. Or, il arrivera ceci, c'est que lorsqu'il sera question de déterminer l'importance des droits spécifiques, les anglais prétendront, comme ils l'ont fait, lors de l'enquête de 1860, que l'on peut fabriquer à un prix fort minime, tel ou tel tissu qu'ils indiqueront. Pour eux le droit spécifique, quel qu'il soit, sera toujours trop élevé, s'il protége d'une manière un peu efficace le produit français et s'il les empêche de s'emparer complètement de la consommation de nos colonies.

Ces diverses considérations nous font désirer le maintien des droits *ad valorem*. Mais, deux moyens nous paraissent indispensables à employer, sinon pour faire cesser entièrement, du moins pour rendre difficiles les fausses déclarations en douane, au moment des importations dans les colonies.

Selon nous, il sera nécessaire que la direction générale des douanes, ou le comité consultatif des arts et manufactures, envoie, tous les trois mois, un tableau des valeurs déclarées à l'entrée des produits étrangers dans la métropole. Les bureaux de douanes des colonies trouveront dans ce tableau de précieux renseignements, sur les valeurs déclarées et admises à l'entrée en France, pour les différents articles dont la nature et la qualité sont nécessairement indiquées dans les déclarations ; les agents des colonies auront bientôt fait la part de l'augmentation de valeur qui résulte du trafic et des distances parcourues.

Il sera également nécessaire que, dans chaque colonie, un seul bureau de douanes reçoive les déclarations relatives aux tissus de laine et de coton. Le personnel de ce bureau, ayant fréquemment l'occasion d'appliquer le tarif et d'exercer son contrôle sur la marchandise, sera beaucoup plus apte que les autres bureaux à contrôler également les valeurs déclarées.

En résumé, nous pensons que, quoique le système des droits *ad valorem* ne soit pas sans inconvénients, l'industrie française n'a pas moins un grand intérêt à ce qu'il continue d'être appliqué dans nos colonies, de préférence aux droits spécifiques.

Rapport adopté et converti en délibération.

COTONS D'ALGÉRIE. — MACHINE A ÉGRÉNER.

— 8 Septembre 1862 —

LETTRE DU PRÉSIDENT DE LA CHAMBRE A M. VICTOR MONTEIL,
MÉCANICIEN, A BLIDAH (ALGÉRIE).

MONSIEUR,

J'ai lu avec un vif intérêt votre lettre du 2 juin et j'ai soumis à divers filateurs de coton les petits échantillons que vous m'avez envoyés en même temps que cette lettre.

Bien qu'il soit difficile de juger du mérite de votre invention, sur des échantillons d'une importance aussi minime, vous paraissez être dans une bonne voie et la Chambre de commerce, que j'ai l'honneur de présider, fera des vœux pour que votre réussite soit complète, aussi bien au point de vue de la perfection du travail que de l'économie à apporter dans la main-d'œuvre.

Je ne puis personnellement, pas plus que la Chambre de commerce de Lille ne peut le faire, formuler aucune opinion dans cette circonstance ; mais je n'ai pas manqué d'envoyer, dans votre intérêt et dans celui de la filature de ce pays, vos échantillons et votre lettre au comité des filateurs de Lille. La pénurie des cotons d'Amérique rend intéressant tout ce qui se rapporte à la culture du coton en Algérie. Vous pouvez donc compter que si notre industrie cotonnière de

Lille vient à fonder ou à s'intéresser dans une association quelconque, ayant pour but la culture du coton en Afrique, elle fera étudier d'une manière très-sérieuse votre intéressante machine à égréner.

Jusqu'à présent notre industrie de la filature se borne à choisir, parmi les échantillons qui lui sont présentés par le commerce, les qualités qui lui paraissent réunir les meilleures conditions de netteté et de propreté. Elle continuera d'agir de la même manière jusqu'au moment où elle aura pris un intérêt direct dans la culture.

SECOURS AUX OUVRIERS EN CHOMAGE.

— 15 Février 1864 —

LETTRE A M. LE PRÉSIDENT DU COMITÉ NATIONAL DE BIENFAISANCE,
AU PROFIT DES OUVRIERS SANS TRAVAIL DE L'INDUSTRIE
COTONNIÈRE, A ROUEN.

Monsieur le Président,

Je m'empresse de vous informer, en réponse à votre lettre du 8 de
ce mois, que le Comité de Lille a délégué MM. Henri Loyer et Wat-
tinne-Bossut, Membres de la Chambre de commerce, pour représenter l'industrie cotonnière du département du Nord, dans la réunion
générale qui doit avoir lieu à Rouen, le 23 de ce mois.

Les deux délégués se muniront des renseignements qu'il leur aura
été possible de recueillir, sur la situation du chômage dans le département auquel ils appartiennent.

Je dois vous dire, néanmoins, dès à présent, qu'au point de vue
des établissements cotonniers, la situation ne s'est guère modifiée
depuis la première répartition. Le nombre des établissements qui ont
suspendu ou ralenti leur travail est loin d'avoir diminué, et si un
certain nombre d'ouvriers ont trouvé à s'occuper dans d'autres industries, ce sont principalement les plus jeunes et les plus habiles ;
c'est-à-dire ceux auxquels les secours sont moins nécessaires.

Cet état du reste n'est pas spécial au département du Nord ; il s'est produit ailleurs à peu près dans les mêmes conditions, de sorte qu'une seconde répartition étant décidée en principe, il semble tout naturel de procéder d'après les bases qui ont servi à la première.

J'ajouterai que la somme de 21,792 fr., dont le Comité de Lille a eu à disposer dans la première répartition ne lui a pas permis de satisfaire, dans une juste limite, aux demandes qui lui ont été adressées, et que par ma lettre du 25 juin j'ai eu l'honneur de signaler cette insuffisance à l'attention du Comité central, en réclamant une allocation supplémentaire de 12 à 15,000 francs.

Le Comité central s'est trouvé dans l'impossibilité d'accueillir alors cette demande, parce qu'il avait épuisé les fonds mis à sa disposition.

Aujourd'hui que cette impossibilité a cessé, vous jugerez sans doute équitable, Monsieur le Président, de faire valoir, ainsi que vous avez bien voulu me le promettre dans votre lettre du 4 juillet, les motifs invoqués par le Comité de Lille, à l'appui de sa demande du 25 juin.

Le département du Nord devra donc, à deux titres, participer à la nouvelle répartition, et il s'y croit d'autant plus fondé, qu'il a pris une plus grande part à la souscription générale.

DEMANDE D'ABAISSEMENT DE DROITS SUR LES FILS DE COTON ÉTRANGERS AU-DESSUS DU N° 170, DESTINÉS A LA FABRICATION DES TULLES.

— 23 Mai 1864 —

LETTRE A M. LE PRÉFET DU NORD.

Monsieur le Préfet,

Vous avez communiqué à la Chambre de commerce de Lille les deux dépêches ci-jointes de S. Exc. M. le Ministre de l'Agriculture, du Commerce et des Travaux publics, qui concernent une demande d'abaissement de droits sur les fils de coton étrangers au-dessus du N° 170, destinés à la fabrication des tulles.

Cette demande est faite par les fabricants de tulle du Cambrésis et elle a été appuyée par la Chambre consultative des Arts et Manufactures de Cambrai.

M. le Ministre a désiré que l'intérêt opposé, celui des filateurs de coton, fût entendu, et c'est dans ce but que des renseignements ont été demandés à la Chambre de commerce de Lille.

Cette Chambre, pour se conformer aux intentions de Son Excellence, a provoqué les observations des filateurs de coton, qui après s'être concertés, ont rédigé la note dont j'ai l'honneur de vous transmettre ampliation.

La Chambre pense comme les filateurs, que la mobilité des tarifs est, à toutes les époques, une chose profondément regrettable, mais que c'est surtout lorsqu'il a été apporté aux conditions économiques des modifications graves, qui nécessitent le perfectionnement et la transformation des moyens de production, que l'industrie doit pouvoir compter sur une certaine stabilité.

L'application des traités de commerce conclus avec l'Angleterre et la Belgique est encore trop récente et elle a eu lieu, pour l'industrie cotonnière, dans une situation trop exceptionnelle, pour qu'il ait été possible d'en apprécier les effets.

La Chambre espère que ces considérations détermineront le gouvernement à ne pas accueillir les réclamations des tullistes du Cambrésis.

Voici les observations annexées à la lettre du 23 mai.

En lisant la délibération de la Chambre consultative de Cambrai, qui du reste ne possède aucune filature dans sa circonscription, M. le Ministre a dû supposer que la filature de cotons fins de Lille fait d'énormes bénéfices. Malheureusement, c'est le contraire qui est vrai.

Depuis la mise à exécution du traité de commerce, conclu avec l'Angleterre (c'est-à-dire depuis que le droit de 9 fr. 60 qui protégeait antérieurement les Nos 170 et au-dessus a été remplacé par un droit de 3 fr 25), la ville de Lille a vu décroître sa production de fil pour tulle des deux tiers au moins. Plusieurs filatures ont cessé d'exister et d'autres sont en chômage total ou partiel. D'un autre côté les retorderies de coton pour tulle, naguères encore si nombreuses à Lille, n'y existent plus qu'à l'état de souvenir.

Sans doute la cherté des cotons en laine a contribué, dans une certaine mesure, à cet état de choses ; mais il est incontestable que la plus grande part du désastre provient de ce que les cotons fins anglais,

N° 170 et au-dessus entrent dans la consommation des fabricants de tulle français, pour une quantité supérieure à ce qu'elle était avant le traité de commerce, bien que la production du tulle de coton ait considérablement diminué en France.

Pourtant la filature de coton a donné le bon exemple au point de vue du progrès. Aucune industrie française n'a fait autant de dépenses depuis trois ans, pour l'amélioration et la transformation de son matériel. Les choses ont été poussées si loin, que bon nombre de filateurs ont cru devoir substituer à des machines, pouvant fonctionner longtemps encore, un matériel entièrement neuf et réunissant toutes les nouveautés de système, de longueur et de perfectionnement.

D'énormes sacrifices d'une autre nature tombent aussi en ce moment à la charge des filateurs, qui, malgré la triste position qui leur est faite, ont encore confiance dans l'avenir de leur industrie. Ils comprennent que s'ils arrêtent complètement leurs filatures, non-seulement les fabricants, restés fidèles, se déshabitueront de leurs produits, mais encore que leurs ouvriers qui sont des ouvriers spéciaux, formés dès la plus tendre jeunesse, continueront de se porter vers d'autres industries, comme ils le font depuis deux ans à Lille.

Malheureusement, cette dernière crainte n'est pas chimérique, puisque la filature de coton de Lille a perdu plus de la moitié de son personnel. Aussi les patrons, qui restent encore sur la brèche, veulent-ils, à tout prix, conserver leurs ouvriers.

Quoi qu'il en soit, l'embarras des filateurs de cotons fins N° 170 et au-dessus augmente chaque jour, par la difficulté qu'ils éprouvent de trouver, même en produisant à grande perte, du travail à donner à leurs ouvriers.

En effet, si l'on en juge d'après les quantités accusées par les fabricants de Caudry, dans leurs réclamations, la fabrication a diminué des trois quarts. La consommation du coton s'est donc nécessairement amoindrie chez eux dans la même proportion. D'un autre côté, indépendamment de l'influence exercée par la crise commerciale, la crise financière et l'augmentation relative des introductions de cotons fins d'Angleterre en France, un grand nombre de métiers de Calais, qui produisaient aussi le tulle de coton, ont été remontés avec de la soie, et l'emploi du coton a conséquemment beaucoup diminué à Calais. Ce n'est pas tout encore, beaucoup de cotons N° 170, venant d'Angleterre, ont été vendus sur la place de Saint-Etienne. Enfin la place de Tarare, qui emploie de grandes quantités de cotons simples, N°ˢ 170 et au-dessus, ne consomme plus de filés français, dans ces numéros élevés, parce que la crise cotonnière, qui existe en Angleterre comme en France, a conduit les filateurs anglais à faire d'énormes sacrifices, pour débarrasser leur propre marché des filés fins, qu'ils avaient produits en trop grande quantité.

Il résulte de ces diverses circonstances réunies que les filateurs français, pour les numéros fins, ne savent plus où se porter. Cependant ils ont la volonté de conserver à la France sa belle industrie des cotons fins.

Manchester et Lille sont, dans le monde, les seules villes où l'on produise les cotons fins pour tulle. Sans la courageuse persévérance des filateurs lillois, les Anglais jouiraient déjà d'un monopole de plus ; les fabricants de tulle de Caudry, qui se plaignent aujourd'hui, deviendraient les premières victimes de ce monopole, aussitôt qu'ils se trouveraient à la merci des Anglais.

En matière de filés de coton, l'on est, depuis que le traité existe, sorti du champ des suppositions, pour entrer dans celui de la réalité. On sait on effet que la filature des numéros fins est fort compromise.

Les droits qui ont été établis en 1860 sur les cotons filés ont bien été gradués en raison de la finesse du fil, parce qu'on a compris que plus le fil est fin plus l'importance du travail manufacturier devient considérable. Cependant le droit de 3 fr. 25 par kilog. de N° 170 anglais (143 mille mètres) dont les fabricants de Caudry demandent la réduction à moitié, ne constitue pas, dans sa plénitude, une protection suffisante, puisque les filateurs anglais vendent à la France la plus grande partie de ce qu'elle en consomme. Il est donc tout-à-fait impossible d'aggraver la position, déjà si difficile, dans laquelle se trouve la filature de cotons fins.

Ceux des filateurs qui survivent encore et luttent courageusement, sans trop savoir où cela devra les conduire, ont eu confiance dans les promesse faites, à l'époque de l'enquête qui a suivi le traité de commerce. Jusqu'à présent ils ont cru pouvoir compter au moins sur la stabilité des droits appliqués à leur industrie. Dans cette pensée, ils ont fait et font encore des dépenses considérables pour leur maté-riel, pour le maintien de leurs ouvriers et pour leur approvisionne-ment de matière première, malgré les dangers que présentent des achats faits à 300 p. 100 au-dessus du cours normal des cotons en laine.

C'est dans cette situation que les fabricants de tulle ont introduit leur demande, et que le Gouvernement a cru devoir accorder une certaine importance à cette demande.

Les filateurs de Lille se croyaient pour longtemps à l'abri des nouvelles inquiétudes que ne peut manquer de répandre, dans l'industrie de la filature de coton, un fait aussi considérable de la part du Gouvernement. Ils pensaient que tout le monde avait compris que rien n'est possible en industrie, en dehors d'une stabilité raisonnable, et que des pères de famille, des capitalistes ou des compagnies sérieuses ne peuvent s'engager, *sans avoir du moins la certitude du lendemain,* dans des dépenses pouvant s'élever à plusieurs centaines de mille francs ou même à plusieurs millions. Ces chiffres n'ont rien d'exagéré, puisque nous avons à lutter contre certaines filatures, qui, bien qu'ayant coûté de 4 à 8 millions de francs, ne sont pas encore les plus considérables de l'Angleterre.

Assurément, le Gouvernement ne voudra pas s'exposer à compromettre à tout jamais, par une nouvelle réduction de droits, une grande industrie telle que la filature de coton, qui, lorsqu'elle est dans son état normal, occupe en France plus de 60,000 ouvriers et voit sa production s'élever à plusieurs centaines de millions de francs.

Nous plaignons sincèrement les fabricants de Caudry, dans leur détresse, d'autant plus que la ruine de leur petite industrie nous privera d'un débouché quelque réduit qu'il soit.

Recherchons donc avec eux des moyens de salut.

Dans cet ordre d'idées, nous devons rappeler tout d'abord que les craintes, que l'un d'eux exprimait dans l'enquête de 1860, se sont pleinement réalisées.

« Les métiers de choix, disait-il, que possèdent les Anglais ont
» une longueur double et fonctionnent une fois plus vite que les nô-
» tres, il en résulte qu'un ouvrier anglais fait quatre fois plus d'ou-
» vrage qu'un de nos ouvriers, dans le même espace de temps. »

D'après les informations prises tout récemment dans le Cambrésis, deux fabricants de tulles de Caudry viennent d'établir quelques-uns de leurs métiers dans des conditions de longueur et de solidité qui permettent, dit-on, de se rapprocher des fabricants de tulles anglais en généralisant l'emploi de ces métiers.

On ne saurait trop encourager les fabricants de Caudry à persévérer dans la bonne voie où ils sont entrés.

Malheureusement la protection de 15 p. 100 *ad valorem* appliquée aux tulles est fort peu encourageante.

Les fabricants de Caudry avaient raison de prétendre, lors de l'enquête, que leur situation n'était pas la même que celle des fabricants de Calais.

En effet, ceux-ci produisent des tulles nouveautés où le bon goût du dessin joue le plus grand rôle, tandis que les fabricants de Caudry produisent l'article uni, qui se fabrique en Angleterre sur une immense échelle.

Il est regrettable que l'on ait assimilé les deux articles.

Un droit spécifique applicable aux tulles unis ne pourrait-il pas être substitué par le Gouvernement au droit *ad valorem*, qui, ainsi que les fabricants de Caudry l'indiquent, amène de fausse déclarations et par suite un abaissement réel de la quotité du droit fixé à 15 p. 100.

Il ne résulterait pas de ce changement une aggravation de droits, mais une transformation qui sauvegarderait tout à la fois l'intérêt du Trésor et celui des fabricants de tulles unis.

COTONS D'ALGÉRIE.

— 23 Mai 1864 —

LETTRE A M. LE PRÉFET D'ORAN.

Monsieur le Préfet,

Par votre lettre du 19 avril, vous demandez à la Chambre de commerce de Lille des renseignements relatifs au prix et à la quantité des cotons longue soie, provenant de l'Algérie et particulièrement de la province d'Oran, qui ont été vendus sur le marché de Lille de 1860 à 1864. Vous désirez également connaître l'opinion de la Chambre, sur la question de savoir si les prix actuels se maintiendront jusqu'à la fin de cette année.

Voici, Monsieur le Préfet, quels sont les renseignements que la Chambre a pu recueillir :

Chaque filateur du rayon industriel de Lille, faisant toujours venir directement d'Algérie, de Marseille et du Hâvre les cotons d'Afrique qu'il emploie, même lorsqu'il traite avec les maisons de Lille, s'occupant de ce genre de marchandise, il n'est pas possible de répondre, par des chiffres sérieux, aux questions posées relativement aux quantités. Antérieurement à l'année courante 1863-1864, les quantités consommées par nos filatures du Nord, étaient fort peu appréciables. Ce n'est qu'à partir de cette année que notre industrie lilloise commence à employer, sur une assez large échelle, les cotons longue soie d'Algérie. Déjà huit à neuf cents balles de la dernière récolte sont arrivés dans le Nord. Sur cette quantité, cent balles, au plus, proviennent de la province d'Alger ; tout le reste provient de la province d'Oran.

Quant aux prix, *pour qualités dites* MARCHANDES, voici ceux qui se sont pratiqués, en France, depuis les quatre dernières années :

Pour la campagne de   1860-61 de 1.70 à 2.25 le 1/2 kilog.
                     1861-62   2.25   3.25   d°
                     1862-63   4. »   6. »   d°
                     1863-64   4.40 6. »   d°

Pendant les mêmes périodes, ces mêmes cotons *non égrenés* se payaient sur les lieux mêmes de production :

En 1860-61. . . . 0.60 ᶜ à 1.10
    1861-62. . . . .1. »   1.20ᵗ
    1862-63. . . . 2. »   2.05
    1863-64. . . . ». »   2.50

Tels sont, Monsieur le Préfet, les renseignements que la Chambre a pu réunir pour répondre à la plus grande partie des questions posées par votre lettre du 19 avril.

Maintenant, il est du devoir de la Chambre de soumettre à votre appréciation les observations, qui lui ont été présentées par les négociants et par les filateurs du Nord, que la culture du coton, en Afrique, intéresse.

Il est à remarquer, disent les intéressés, que la proportion entre les cours d'Algérie et ceux de la France est restée approximativement la même pendant les quatre années 1860 à 1864. Ce sont donc bien les planteurs qui ont, à eux seuls, profité de toute la hausse résultant, pour le coton en général, de la crise américaine et, par analogie, l'on peut également assurer à l'Administration que, malgré les assertions contraires, ce sont bien aussi les colons de l'Algérie qui ont profité de toutes les primes que le Gouvernement n'a cessé, jusqu'à présent, d'accorder à la culture du coton. A ce point de vue, il est peut-être regrettable de voir l'Administration renoncer au système des primes, décroissant chaque année par portions toujours égales de 25 centimes. Les encouragements, que les colons trouvent dans les hauts prix de leurs produits, leur ont enfin fait comprendre tout le profit que peut leur procurer le coton et ils se sont largement mis à l'œuvre depuis l'année dernière, comme le prouvent les documents officiels. Ne serait-il pas à craindre alors qu'un arrêté de S. Exc. le Gouverneur-Général qui réduirait la prime de 2 fr. 25 à 1 fr. 15 par kilog. de coton égrené, ne vînt arrêter l'élan de bon nombre de planteurs ?

Cette réduction pourrait être d'autant plus inopportune, que le coton d'Algérie semble prendre une plus large place dans la consommation française, ce serait donc le cas de soutenir les planteurs, au lieu de les décourager. Une subvention qui s'applique sur les produits d'un pays agricole comme l'Algérie ne constitue qu'une avance par l'Etat. Cette avance lui rentre sous diverses formes, grâce à la prospérité qu'elle ne manque pas de créer.

L'administration se préoccupe de savoir si la filature continuera, pendant le reste de cette campagne, d'absorber une aussi forte proportion de coton d'Algérie, et si les parties de coton encore invendues de la dernière récolte trouveront facilement des débouchés. Cette question est difficile à résoudre d'une manière positive.

S'il ne s'agissait, pour les cotons d'Algérie, que de faire concurrence à ceux qui arrivent de la Caroline du Sud, les premiers ne manqueraient pas de conserver la préférence, qu'ils ont souvent obtenue, depuis quelque temps, préférence que justifie du reste l'amélioration presque générale des qualités d'Algérie ; mais la vente des cotons longue soie dépendra des arrivages, plus ou moins abondants, des qualités fines d'Amérique. Elle dépendra aussi, en ce qui concerne nos filateurs du Nord, du développement plus ou moins considérable que l'importation des filés ou des tissus anglais continuera de prendre sur le marché français.

Il faut, en outre, tenir compte de la qualité que pourront avoir les dernières expéditions de l'Algérie. Déjà quelques lots, qui se trouvent à Marseille, laissent beaucoup à désirer, par suite de la mauvaise préparation et surtout des mélanges que l'on a faits, par inexpérience sans doute, de cotons provenant des première, deuxième et troisième cueillettes. Si cet état de chose continuait, il en résulterait pour les produits algériens, en cotons longue soie, une cause de grande dépréciation. Quoi qu'il en soit, nous aimons à penser que le commerce en Algérie est trop soucieux de ses intérêts, comme de ceux de la colonie, pour exposer l'avenir en vue d'un bénéfice essentiellement passager et le plus souvent illusoire.

Jusqu'à présent, ce sont les cotons longue soie d'Algérie, qui par la finesse et la longueur, se rapprochent le plus des cotons fins d'Amérique et ceux-ci deviennent de plus en plus rares. Les planteurs de l'Algérie ont donc un magnifique avenir en perspective, et nous espérons qu'ils sauront en profiter.

Si l'industrie du Nord et de l'Alsace revoient des jours meilleurs, les cotons d'Algérie, en qualités fines et *non mélangées*, ne manqueront pas d'entrer dans la consommation française, pour des quantités qui deviendront de plus en plus considérables.

Il est donc fortement à désirer, dans l'intérêt de la colonie et même de la métropole, que le Gouvernement n'épargne rien pour consolider le bien qu'il a déjà fait, au moyen des primes, et qu'il maintienne libéralement, à la culture du coton, sa protection et ses encouragements.

OPINION ÉMISE SUR DES COTONS RÉCOLTÉS A TAÏTI ET AUX ILES MARQUISES.

— 9 Septembre 1865 —

LETTRE A M. MERCIER, A PARIS.

Monsieur,

La Chambre de commerce de Lille a examiné, avec beaucoup d'intérêt les échantillons de coton longue soie récolté à Taïti et aux îles Marquises, que vous lui avez adressés le 31 août dernier. Puis, elle a envoyé ces échantillons à plusieurs de nos principaux filateurs, en les invitant à formuler leur opinion, tant sur la qualité des types soumis, que sur la possibilité de trouver à Lille des industriels disposés à prendre des intérêts dans la Société que vous avez l'intention de fonder.

Voici quelle a été la réponse :

Les cotons présentés sont beaux, autant que l'on peut en juger par les deux petits échantillons, dont l'un n'est même pas égrené; mais nous craignons que l'auteur de la lettre du 31 août ne se fasse illusion, sur la qualité et conséquemment sur la valeur réelle des cotons de Taïti et des îles Marquises, qu'il compare aux plus beaux Sea Island d'Amérique.

Afin de le mettre en position de juger, par lui-même, du rang que pourraient prendre les types présentés, et de le seconder dans son entreprise, dont le succès ne pourrait que nous être très-avantageux, nous remettons les types des huit classes de coton Sea Island d'Amérique, avec le prix moyen, payé tant à Charleston qu'au Hâvre, pendant les dix années qui ont précédé la guerre d'Amérique. Nous terminons notre tableau par l'indication du cours actuel, pour les mêmes cotons.

	1re classe	2e classe	3e classe	4e classe	5e classe	6e classe	7e classe	8e classe
1852 à 1862.	cents							
Charleston, prix par livre anglaise	60	52	44	38	34	30	26	22
Hâvre, prix par 1/2 kilogramme.	fr. c. 4 50	3 90	3 30	2 85	2 55	2 25	1 95	1 65
1865.								
Cours actuels du Hâvre.	9 „	7 80	6 60	5 70	5 „	4 50	4 „	3 50

En ce qui concerne la formation d'une Société, au capital de 1,500,000 fr., nous pensons que l'auteur de la lettre ne trouvera pas de souscripteurs dans le Nord. Nos filateurs n'ont pas cru, jusqu'à présent, devoir entrer dans ce genre d'opérations. Ayant chaque jour en main les échantillons d'un immense choix de cotons de toutes provenances, qui débarquent à Liverpool et au Hâvre, ils ont pris l'habitude de n'acheter des cotons longue soie qu'au fur et à mesure de leurs besoins.

Tels sont, Monsieur, les renseignements parvenus à la Chambre ; je m'empresse de vous les transmettre.

Malheureusement, ainsi que je vous en exprimais le regret dans ma lettre du 10 avril 1862, l'action de la Chambre de commerce de Lille ne peut être que très-limitée en ces sortes de matières. Quoi qu'il en soit, j'espère que les échantillons qui ont été obtenus des filateurs pourront vous être utiles, et je m'empresse également de vous les transmettre.

COTONS D'ALGÉRIE.

— 25 Septembre 1865 —

LETTRE A M. VICTOR MONTEIL, CHEZ M. PELLETIER JEUNE,
CONSTRUCTEUR, RUE FONTAINE-AU-ROY, N° 10, A PARIS.

Monsieur,

Comme vous me l'avez demandé, j'ai communiqué au Comité des filateurs de coton les renseignements contenus dans votre lettre du 12 septembre, ainsi que les quatre échantillons qui y étaient joints.

La Chambre de commerce n'a pas pensé qu'elle dût faire plus. Il n'entre pas, en effet, dans ses attributions d'apprécier le mérite relatif des procédés divers qui sont mis en œuvre pour l'égrenage des cotons, non plus que d'émettre des avis discutables sur la qualité et la valeur des produits obtenus à l'aide de ces procédés.

Les cotons d'Algérie sont aujourd'hui suffisamment connus en France, en Angleterre et en Suisse, pour qu'il ne soit plus besoin d'appeler sur eux l'attention du commerce et de la filature.

Quant à leur valeur, vous savez que les cours du coton, et spécialement du coton longue soie, sont soumis à des variations fréquentes et très-considérables, selon que le stock en magasin est considéré comme plus ou moins important.

Vous pourrez, du reste, adresser directement à M. le Président du comité des filateurs de coton les questions sur lesquelles vous désirez une solution.

Le Comité est beaucoup mieux placé que la Chambre, pour y répondre et pour tenir à la disposition des personnes intéressées les renseignements et les échantillons spéciaux à cette branche d'industrie.

COTONS D'ALGÉRIE.

— 5 Décembre 1865 —

RENSEIGNEMENTS FOURNIS SUR LA DEMANDE DE LA CHAMBRE, PAR UN FILATEUR, A M. J.-B. FREMAUX, A TIPAZA, ALGÉRIE.

Monsieur,

Par lettre en date du 27 novembre, vous donnez à M. le Président de la Chambre de commerce quelques détails sur votre culture de coton en Algérie, et vous lui demandez son concours, pour vous mettre en relation avec un fabricant ou un entrepositaire de Lille.

Le caractère officiel, dont les Chambres de commerce sont revêtues en France, ne leur permet pas de s'immiscer dans les affaires qui ne sont pas d'un intérêt purement général. Il en est de même pour leurs présidents. Aussi la Chambre de commerce de Lille ne peut-elle, pas plus que ne le peut son président, vous donner son concours, ni ses indications pour le placement de vos produits.

Quoi qu'il en soit, plusieurs considérations ont engagé M. le Président à me charger de répondre à votre lettre, non en ma qualité de membre de la Chambre de commerce de Lille, mais comme filateur.

Mon industrie me met effectivement en position de pouvoir vous donner des renseignements officieux sur les questions qui vous intéressent.

Les cotons dont vous avez envoyé deux échantillons, sous la dénomination de bas-côteau et de plaine, paraissent être d'une belle qualité, les soies en sont blanches, assez longues, assez fines et assez nerveuses. Malheureusement, comme vos échantillons n'ont pas été égrenés; il est impossible de se prononcer maintenant sur la qualité et la valeur qu'ils auront après l'égrenage.

Il est généralement reconnu que les cotons paraissent toujours plus beaux avant l'égrenage qu'après. On s'expose donc à d'amères déceptions lorsqu'on se prononce auparavant, en supposant même que l'opération doive être faite dans les meilleures conditions possibles. Si, au contraire, l'égrenage est mal fait, la valeur du coton peut descendre de 5 à 50 %, selon que les soies ont été plus ou moins brisées, mal nettoyées, nouées, etc., etc.

Quant à la question d'irrigation ou de non irrigation, il serait difficile de la résoudre, attendu que des expériences faites jusqu'à présent sur les deux modes n'ont pas donné de résultats appréciables, au point de vue de la différence obtenue en filature. Pour qu'un essai de ce genre soit fait utilement, il faut que la même graine soit semée dans des terres également bonnes, les unes irriguées et les autres non-irriguées. Jusqu'à présent, les cotons arrivent aux filateurs sans aucune désignation, et ceux-ci forment leur opinion, d'après la qualité qu'ils ont en main et non d'après le mode employé pour obtenir plus ou moins de finesse, de pureté, de force et de longueur des soies.

Pour vous mettre en position de juger, par vous même, de notre manière d'opérer sur la place de Lille, je ne vois rien de mieux à faire, dans l'intérêt de la culture du coton en Algérie et dans celui de la filature dans le nord de la France, que de vous envoyer quelques échantillons par la poste. Vous pourrez, en effet, par ce moyen, vous fixer sur les prix, les qualités et les différents modes d'achat en Algérie, à Marseille et à Lille, le tout applicable au moment présent. Je joins à mon envoi un échantillon de la récolte de 1863, afin que vous puissiez faire quelques comparaisons rétrospectives.

Tous les cotons, sur lesquels je vous donne les indications ci-après, font partie de ceux qui ont été achetés pour la consommation de ma filature, à différentes époques.

N° 1. — 20,000 kilog., achetés pour mon compte du 10 au 20 octobre dernier chez les colons de la province d'Alger, à raison de 1 fr. 60 le kil. non égrené, commission de 4 %, égrenage, emballage, transports, etc., à ma charge. L'échantillon que je vous envoie a été égrené avant de m'être adressé. Je suppose que rendus à Lille, ces cotons ne me reviendront pas à moins de 8 fr. 90 à 9 fr le kilog. Ils ne parviendront qu'en janvier.

A la date de ce jour je reçois une lettre de mon correspondant d'Alger qui me prévient qu'il ne pourrait faire acheter en ce moment les mêmes cotons dans les campagnes de l'Algérie à moins de 1 fr. 70 à 1 fr. 80 le kilog.

N° 2. — 24 balles de la province de Constantine achetées sur la place de Marseille, le 12 novembre dernier et payées, 9 fr. 30 le kilog. aux conditions de Marseille, c'est-à-dire tare 4 % et 2 kil. par balle, escompte 2 %, commission 2 %, marchandise prise à Marseille.

N° 3. — 5 balles achetées à 6 fr. le kilog sur la place de Marseille le 15 novembre, mêmes conditions. Ces cotons sont mauvais. Je ne connais pas leur provenance.

N° 4. — 68 balles de la province d'Oran, achetées 9 fr. 20 le kil. sur la place de Lille, le 25 novembre, conditions de Marseille, transport de Marseille à Lille à ma charge.

N° 5. — 15 balles de la même province, achetées 11 fr. 50 le kilog le 4 avril 1864, conditions de Marseille, marchandises prises à Marseille.

J'estime que depuis 1863-64 les cotons d'Algérie ont, comme leurs similaires d'Amérique, baissé de 2 fr. à 2 fr. 50 par kilog. Quant à la qualité de l'échantillon N° 5, je la préfère de beaucoup à celle de la récolte de 1865 en Algérie.

En ce moment, je n'achète plus de cotons d'Algérie, attendu que j'en ai pour une somme assez importante et que cette quantité me suffit quant à présent. Quoi qu'il en soit, comme vos cotons m'ont paru d'une bonne nature (il faut cependant les voir après l'égrenage), vous pouvez, si cela peut vous faire plaisir, m'en envoyer une centaine de kil., dont moitié *plaine* et moitié *bas-coteau*. Je les ferai estimer par un courtier à leur arrivée à Lille, et je vous enverrai un bon sur un banquier d'Alger, qui a déjà fait des paiements pour moi. Seulement veuillez me les envoyer égrenés. Autrement je ne pourrais les recevoir.

Lorsque je serai en possession de vos deux ballots, je verrai si je puis vous donner quelques conseils soit dans votre intérêt, soit dans celui de la filature du Nord.

P. S. — Si j'en juge d'après les produits, les machines à égrener de Monteil, de Blidah, perfectionnées par Peltier, celles que l'on emploie à Saint-Denis du Zig, fonctionnent convenablement.

TRAVAIL DES PRISONS. — TARIF DE LA MAIN-D'ŒUVRE DU TISSAGE DANS LA MAISON CENTRALE DE LOOS.

— 25 Février 1867 —

LETTRE A M. LE PRÉFET DU NORD.

Monsieur le Préfet,

Conformément à votre lettre du 15 février courant, la Chambre de commerce s'est livrée à l'examen des propositions de M. l'Entrepreneur de la maison centrale de Loos, pour l'atelier de tissage.

La Chambre a également examiné les types de tissus qui lui ont été envoyés directement par M. le Directeur de la même maison.

Elle a aussi pris connaissance de la circulaire ministérielle du 9 juillet 1864, qui indique les renseignements à fournir par les Chambres de commerce, relativement aux tarifs de main-d'œuvre, dans les maisons centrales.

Voici, Monsieur le Préfet, les renseignements qui ont été obtenus :

Le tissage de presque tous les articles fabriqués dans la maison centrale de Loos, s'exploite également sur une immense échelle, dans les ateliers libres. La fabrication de la toile, en général, est, en effet, l'une des plus importantes, parmi les industries de la circonscription de la Chambre de commerce de Lille.

Le travail se fait mécaniquement dans les ateliers des villes, ou à la main dans les campagnes.

Les parties de la main-d'œuvre, qui sont exécutées par des hommes, sont l'ourdissage, le parage, le tissage, le mesurage et le pliage.

Les femmes et les enfants ne s'occupent que du bobinage et du tramage.

Les prix payés, pour salaires ou pour main-d'œuvre, varient peu, en raison des différentes saisons de l'année. Les variations ne dépassent guère cinq pour cent dans le tissage à la main. L'article nouveauté est payé un peu plus en hiver qu'en été, tandis qu'au contraire l'article uni se fait à un prix un peu réduit pendant la saison d'hiver.

Les salaires sont payés directement par le fabricant à l'ouvrier.

Il n'existe pas de conditions particulières pour l'apprentissage, dans les ateliers libres.

L'ouvrier des campagnes se fait aider par un membre de sa famille, auquel il fait connaître sa manière de travailler.

L'ouvrier des tissages mécaniques fait conduire l'un des deux métiers, dont il est chargé, par un jeune garçon, qui travaille sous sa direction.

Le salaire de ces apprentis est réglé à l'amiable entre l'ouvrier et son aide, suivant le travail que peut fournir ce dernier.

En ce qui concerne les prix de main-d'œuvre, l'examen des types, envoyés par M. le Directeur de la maison centrale de Loos, a donné lieu aux réponses ci-après, en conformité de la circulaire du 19 juillet 1864, d'après laquelle la Chambre de commerce n'a qu'à inscrire (sur le tableau), les prix payés par l'industrie libre pour chaque nature d'ouvrage.

Le type N° 1 n'a pas de similaire dans l'industrie libre.

Les types N° 2 et 3 sont payés à l'ouvrier libre 15 à 16 centimes par mètre de façon.

Le N° 4, 14 à 15 centimes.

Le N° 5, 16 à 17 centimes.

Le N° 6, 20 centimes.

Le N° 7, 22 à 24 centimes.

Le N° 8, 22 centimes.

Le tramage est compris dans la main-d'œuvre ci-dessus, pour tous les types envoyés.

Le N° 8 seul a reçu un parage dont le prix entre dans le chiffre de 22 centimes.

L'ouvrier détenu n'a pas de frais à supporter.

Les frais qui tombent à la charge de l'ouvrier libre sont ceux ci-après indiqués :

Achat, montage et entretien de son métier ;

Chauffage, éclairage, graissage ;

Fourniture de navettes, glissières et ficelles ;

Recherche et livraison du travail. Cette charge occasionne à l'ouvrier libre une perte d'environ un jour par semaine.

Autre perte de temps résultant de l'emploi de matières à bon marché, que le fabricant donne souvent à l'ouvrier libre, pour amoindrir le prix de revient.

Autre perte de temps encore, par suite du chômage que subit l'ouvrier libre, en temps de crise, tandis que l'ouvrier détenu doit toujours être occupé par l'entrepreneur, alors même que ce dernier ne peut fabriquer qu'en subissant une grande perte, résultant des prix de vente réduits, occasionnés par la crise, ou du temps pendant lequel la marchandise restera en magasin.

Il nous reste, Monsieur le Préfet, à vous indiquer les prix payés, dans l'industrie libre, pour le bobinage du fil, l'ourdissage et le travail à la journée.

Bobinage : Un écheveau de 3,200 mètres de longueur, 2 centimes.

Ourdissage : 100 portées de 40 fils, 120 mètres de longueur, 85 à 90 c.

TRAVAIL A LA JOURNÉE.

Hommes.

Écrivain.	3 fr.	à	3 50
Contre-maître	3	50	4 »
Tisseur à la main	2	à	3 »
Balayeur	2	»	» »

Femmes.

Bobineuses.	1 fr. 50	»	»
Trameuses à la mécanique	1	50	1 75

Enfants.

Les enfants font le même travail que les femmes et leur salaire est subordonné à la quantité qu'ils peuvent produire.

Telles sont, Monsieur le Préfet, les explications que la Chambre de commerce donne, à l'appui des chiffres indiqués par elle, dans le tableau dressé conformément à l'instruction ministérielle du 19 juillet 1864, et qui vous est retourné ci-joint.

TRAVAIL DES PRISONS. — TARIF DE LA MAIN-D'ŒUVRE DU TISSAGE DANS LA MAISON CENTRALE DE LOOS.

— 4 Avril 1867 —

LETTRE A M. LE PRÉFET DU NORD.

MONSIEUR LE PRÉEET,

La lettre que vous avez fait l'honneur d'adresser à la Chambre de commerce de Lille, le 20 mars, appelle son attention sur les observations qui vous ont été soumises, le 17 de ce mois, par M. le Directeur de la Maison centrale de Loos, relativement à une erreur qui, selon lui, paraît s'être glissée, dans l'évaluation du prix relatif à la façon du type N° 8, applicable à l'industrie du tissage.

La Chambre de commerce, après s'être livrée à un nouvel examen et après avoir pris de nouveaux renseignements, ne peut que vous confirmer sa première évaluation.

Les types N°ˢ 7 et 8, envoyés à la Chambre, appartiennent, tous les deux, aux coutils nouveautés, dont les genres et les détails de fabrication varient essentiellement. Lesdits types N°ˢ 7 et 8 ne peuvent donc que représenter, d'une manière fort imparfaite, l'ensemble de ce genre de produits.

Le prix de 22 centimes de façon, appliqué aux deux échantillons doit être considéré, par M. le Directeur, comme une indication générale, formant le maximum du prix de façon des tissus nouveautés, représentés, plus ou moins parfaitement, par les types 7 et 8.

Il est du reste à remarquer que la variété, dans les coutils nouveautés, est tellement grande, qu'en envoyant de nouveaux types, M. le Directeur de Loos ne pourrait pas être plus heureux, dans son deuxième choix d'échantillons, qu'il ne l'a été dans le premier. En effet le type coutil nouveauté, adopté par le commerce, pendant une période de 8 ou de 15 jours, subit presque toujours un changement quelconque, dans la période suivante. La Chambre ne pouvait donc donner que des indications générales s'appliquant à l'ensemble de la production. C'est ce qu'elle a fait, dans sa première réponse, c'est aussi ce qu'elle est forcé de faire dans cette deuxième lettre. D'ailleurs, le tarif envoyé sous la forme d'un tableau, à la Chambre de de commerce, est établi pour des catégories et non pour des articles spéciaux.

En ce qui concerne spécialement les deux échantillons, qui ont été envoyés comme types, voici les indications particulières qui peuvent être données à l'Administration : elles s'éloignent assez sensiblement des chiffres produits par M. le Directeur de Loos, dans sa lettre du 17, mais elles feront parfaitement comprendre que le prix de 22 centimes de façon peut-être appliqué, sans commettre une erreur, tout aussi bien à l'un des deux types qu'à l'autre.

Le N° 7 n'a pas été monté à 8 lames et 8 marches, mais bien à 10 lames et 10 marches.

Il a bien 1900 fils en chaîne
21 1/2 à 22 duites au centimetre et il n'est pas paré.

L'échantillon type N° 8 :

1° N'a pas été monté à 12 marches et 12 lames, mais bien à 6 marches et 6 lames.

2° Il ne compte pas 3,200 fils. Il compte réellement en chaîne 1,980 fils.

3° Il n'exige pas 30 à 35 duites au centimètre. Il n'a que 24 duites régulièrement.

4° Il est effectivement paré.

Habituellement, dans l'industrie libre, le genre de coutil, que représente le type N° 8, n'est pas paré, et il ne l'est même que très-accidentellement dans la fabrication de Loos.

Un dernier mot expliquera, à M. le Directeur de la Maison centrale, l'une des causes de la différence d'appréciation qui a pu exister entre lui et la Chambre de commerce.

L'échantillon N° 8, soumis à la Chambre, n'est pas dans des conditions de fabrication ordinaire : Il a été pris à l'extrémité d'une pièce et la partie extrême de cette pièce a été serrée en trame. En serrant plus qu'on ne le fait généralement, on obtient un coupon d'une qualité particulière, dans lequel on enlève des échantillons plus ou moins attrayants, que le négociant remet à son voyageur. Telle a été aussi, probablement, la cause qui a donné lieu au parage de la pièce dans laquelle l'échantillon N° 8 a été pris.

En résumé, la Chambre maintient la première évaluation qu'elle a formulée relativement à l'article 8, c'est-à-dire le prix de 22 centimes, et cela d'autant mieux qu'on rencontre, dans l'industrie libre, des articles similaires qui ne sont payés que 19 centimes.

Cependant, la Chambre estime que si l'on faisait fabriquer *exclusivement* des coutils nouveautés qui, *tous*, réuniraient les conditions de 12 lames et 12 marches, 3,200 fils en chaîne, 30 à 35 duites au centimètre, le prix qui serait applicable dans l'industrie libre, à cette fabrication *spéciale* pourrait s'élever jusqu'à 26 centimes.

Le prix de 22 centimes, indiqué par la Chambre, est applicable aux catégories 7 et 8 du tableau et au type N° 8 envoyé, mais non à l'article spécial dont M. le Directeur de la maison centrale s'occupe, dans sa lettre du 17 mars.

QUESTION DU TRAVAIL DES ENFANTS, HORS DE LA FAMILLE ET DES CONDITIONS DE L'APPRENTISSAGE

— 9 Août 1867 —

RAPPORT FAIT A LA CHAMBRE DE COMMERCE AU NOM D'UNE COMMISSION (1)

MESSIEURS,

Monsieur le Préfet du Nord, par une lettre, datée du 26 mai dernier demande à la Chambre de commerce de Lille des renseignements sur l'application actuelle de la loi de 1841, relative au travail des enfants dans les manufactures.

Il désire que ces renseignements soient *aussi détaillés que possible*, et il ajoute que les appréciations de la Chambre seront examinées avec une attention toute particulière.

Monsieur le Préfet joint à sa lettre le questionnaire qui lui a été adressé par Monsieur le Ministre de l'Agriculture, du Commerce et des Travaux publics.

La Chambre, comprenant toute l'importance des renseignements qui lui sont demandés, puisqu'ils ont pour but la recherche des

---

(1) La Commission était composée de MM. Ch. Verley, président ; Henri Bernard, Alfred Descamps, Victor Saint-Léger, Auguste Longhaye, Henri Loyer, rapporteur.

moyens propres à augmenter le bien-être et la moralisation de la classe ouvrière, a désigné cinq de ses membres, a qui elle a donné la mission de s'occuper des questions posées par M. le Ministre.

Voici le rapport que présente cette commission :

En 1841, les manufactures étaient encore établies, presque partout en France, dans de mauvaises conditions hygiéniques ;

Les machines à vapeur n'existaient qu'en très-petit nombre ;

La durée du travail atteignait treize, quatorze et même quinze heures par jour, suivant les localités.

Les enfants travaillaient pendant le même temps que les hommes adultes.

Depuis 1841, et surtout depuis 1852, les manufactures ont été établies dans des conditions de salubrité, qui laissent rarement quelque chose à désirer.

Les machines à vapeur et les machines-outils se sont multipliées et perfectionnées, au point de rendre souvent impossible, et dans tous les cas fort onéreux, l'emploi des forces physiques de l'homme et à plus forte raison de celles des enfants.

La durée du travail dans la grande industrie a été réduite à douze heures par jour.

Ces diverses circonstances, jointes aux bienfaits de la loi de 1841, sur le travail des enfants, dans les manufactures, usines et ateliers, ont dû arrêter la dégénérescence des classes ouvrières, dans les centres industriels.

Sans doute les résultats obtenus jusqu'à présent laissent encore à désirer ; mais on ne doit pas perdre de vue que la loi de 1841, n'a pas accordé sa protection à tous les enfants en général ; elle s'est seulement intéressée à ceux qui travaillent dans des manufactures, où plus de vingt ouvriers sont occupés.

On doit prendre également en considération que la loi n'a commencé à être appliquée d'une façon sérieuse que depuis quinze ans.

Malgré le retard apporté dans son application, et quoique cette loi renferme encore beaucoup de lacunes, elle n'a pas moins constitué, telle qu'elle est, un véritable progrès.

Dans cette situation nous sommes heureux de pouvoir reconnaître que, de toutes les parties de la France, c'est le département du Nord qui a le mieux exécuté la loi philanthropique de 1841.

Beaucoup de paroles remarquables ont été prononcées ailleurs, mais les faits sont en faveur de l'arrondissement de Lille, pris dans son ensemble.

Les manufacturiers de ce centre industriel disent que s'ils devaient répondre directement au questionnaire de M. le Ministre, ils se borneraient à exprimer le désir d'être suivis, dans la pratique, par les autres pays.

Comme importance manufacturière et comme chiffre de population, l'arrondissement de Lille est le plus considérable de France. On est heureux de voir qu'il tienne à occuper aussi le premier rang, dans les questions dont la solution doit concourir au bien-être des classes ouvrières.

Pour que la Chambre de commerce de Lille puisse donner d'utiles renseignements, il convient de suivre l'ordre de différentes questions posées par M. le Ministre.

PREMIÈRE QUESTION.

Comment la loi de 1841 est-elle exécutée, principalement en ce qui concerne le minimum d'âge fixé, la durée du travail, le repos des dimanches et fêtes, le travail de nuit et l'instruction primaire ?

Sauf une seule exception, la loi est exécutée dans toutes ses prescriptions.

Les enfants âgés de moins de huit ans ne sont admis dans aucune manufacture ;

Aucun enfant de douze à seize ans n'est occupé pendant plus de douze heures de travail effectif ;

Le repos des dimanches et fêtes est bien observé ;

Le travail de nuit n'est pas pratiqué ;

L'instruction primaire est reçue par tous les enfants de huit à seize ans, dans les diverses écoles publiques et privées qui leur sont ouvertes, pendant une heure, au milieu de la journée.

La seule exception consiste dans l'inobservation, chez un certain nombre de fabricants, de la disposition qui prescrit de n'occuper les enfants de huit à douze ans que pendant huit heures par jour.

DEUXIÈME QUESTION.

Comment est organisé le service de l'inspection? Les commissions fonctionnent-elles régulièrement ? Quel est pour l'année 1866 le nombre des visites, des procès-verbaux, des poursuites et des condamnations ?

Des commissions locales sont instituées dans les principaux centres manufacturiers de la circonscription de la Chambre. Les villes de Lille, Tourcoing, Douai, Armentières et Comines ne laissent rien à désirer sous ce rapport. Leurs Commissions sont composées d'hommes très-honorables qui visitent une fois par mois chaque école et chaque manufacture, se réunissent à la préfecture, donnent des conseils paternels aux enfants, surveillent l'application de petites amendes pour les absences et font leurs observations aux patrons, aux parents des enfants et aux instituteurs.

En dehors de ces Commissions un inspecteur central, résidant à Lille, nommé et payé par le département, fait des visites dans toutes les manufactures du département du Nord. Il se transporte principalement là où l'exécution de la loi laisse le plus à désirer, selon ses impressions personnelles et suivant les rapports qui lui sont faits par les Commissions. Si cet inspecteur, qui du reste remplit ses fonctions d'une manière très-sérieuse, n'obtient pas par la persuasion, l'observation de la loi, il dresse des procès-verbaux. En 1866, neuf procès-verbaux ont été dressés par lui. Tous ont été suivis de poursuites et de condamnations.

Il est à regretter que des commissions locales n'aient pas été instituées dans toutes les villes du département. Leur concours dans les cinq villes ci-dessus indiquées, est de nature à seconder puissamment l'inspecteur départemental et à faciliter la possibilité des répressions.

La Commission qui existait dans l'important centre industriel de Roubaix a cessé de fonctionner. Nous avons l'espoir que sa réorganisation ne se fera pas attendre longtemps.

TROISIÈME QUESTION.

Quelles sont les difficultés que rencontre l'application de la loi et quels seraient les moyens de les faire disparaître?

Les difficultés sont occasionnés principalement par *l'insuffisance du salaire* des pères de famille, la *rareté des ouvriers* et les *différences de conditions* dans le travail.

INSUFFISANCE DU SALAIRE.

L'ouvrier aisé se fait une gloire de laisser le plus longtemps possible, ses enfants à l'école communale, ou chez les frères de la doctrine chrétienne.

Au contraire, l'ouvrier chargé de famille n'a pas d'autre alternative que le travail ou l'aumône, comme moyen de les faire vivre.

Il accorde la préférence au travail; assurément personne n'oserait l'en blâmer !....

S'il a huit enfants dont quatre ont atteint l'âge de huit à douze ans, il envoie ceux-ci travailler dans les fabriques.

Leurs salaires réunis atteignent environ 30 fr. par quinzaine.

La mère reste à la maison pour faire le ménage et pour soigner les plus jeunes enfants, pendant que les plus âgés sont à l'atelier, avec ou sans leur père.

Au retour, les grands comme les petits demandent du pain.

Le pain est parfois bien cher, pourtant il en faut !

Comment ferait-on si les 30 fr. venaient à manquer ?..,.

Le salaire du père ne peut suffire seul, aux besoins de toute nature qui se reproduisent chaque jour. Si le père ne trouve pas moyen de faire entrer les aînés de sa famille dans une manufacture, il cherche de l'occupation pour eux chez un artisan. Leur salaire sera d'autant plus élevé que l'artisan ou l'ouvrier en chambre pourra les faire travailler pendant quatorze ou quinze heures par jour. La loi sur le travail des enfants n'est obligatoire que pour les ateliers de plus de vingt ouvriers réunis.

Ainsi que l'on peut en juger par ce que nous venons de dire, la misère dans une famille nombreuse est la plus grande difficulté que rencontre l'exécution de la loi.

RARETÉ DES OUVRIERS.

La rareté des ouvriers est presque toujours permanente dans le département du Nord, quoique les salaires y soient plus élevés que partout ailleurs en France, Paris excepté pour certaines industries.

Le nombre insuffisant des ouvriers, surtout dans l'arrondissement de Lille, conduit souvent les chefs d'ateliers à recevoir, malgré les sévérités de la loi, tous les ouvriers jeunes ou vieux qui se présentent.

DIEFÉRENCES DES CONDITIONS DE TRAVAIL.

Les industriels de ce pays se plaignent de ce que la loi ne soit pas exécutée dans la plupart des autres départements. Se soumettant à la loi commune, il trouvent mauvais qu'elle ne soit pas appliquée dans le département voisin, parfois dans la localité voisine.

Les fabricants du Nord font encore d'autres remarques qui paraissent sérieuses :

Nos voisins les Belges, disent-ils, font travailler tous leurs ouvriers, les plus jeunes comme les autres, treize et quatorze heures par jour.

La possibilité de faire comme eux nous est interdite ; il en résulte un désavantage d'autant plus grand pour nous, que le prix de la journée est moins élevé en Belgique, bien que sa durée soit plus longue qu'elle ne l'est en France. Nous ne nous plaignons pas, mais nous croyons devoir faire observer que toute différence dans les conditions du travail, se fait sentir dans les prix de revient de la marchandise. Pourtant depuis les traités de commerce, tous les étrangers peuvent venir avec leurs produits nous faire concurrence sur le marché français.

En se plaçant à d'autres points de vue, ils disent encore que si les forces physiques sont chose précieuse pour un ouvrier, il existe aussi une chose non moins utile, c'est son aptitude. Or, ajoutent-ils, l'agilité des doigts et l'aptitude ne se rencontrent dans certaines industries, que chez les ouvriers ayant commencé dès l'enfance. Nous devons donc admettre les enfants de jeune âge.

Enfin, il disent que le travail est organisé dans leurs établissements, pour douze heures par jour, et que l'absence plus ou moins prolongée des jeunes ouvriers, occasionne dans beaucoup de circonstances, l'arrêt total ou partiel d'un certain nombre de métiers, gouvernés par des hommes ou des femmes.

QUATRIÈME QUESTION.

Quelles améliorations serait-il possible d'introduire dans le régime du travail des enfants ?

Devrait-on notamment :

1° *Étendre le régime aux établissements employant moins de vingt ouvriers et conviendrait-il, dans ce cas, d'établir une limite inférieure telle, par exemple, que celle de dix ouvriers, ou bien d'étendre l'application de la loi à tous les établissements employant des enfants hors de la famille et des conditions de l'apprentissage?*

2° *Diminuer la durée du travail ?*

3° *Élever le minimum d'âge ?*

4° *Rendre la fréquentation de l'école obligatoire jusqu'à seize ans ?*

Que l'on nous permette, avant de répondre à Monsieur le Ministre, de donner place ici à un entretien qui avait lieu dernièrement entre un ouvrier fileur et son patron. Les faits portent toujours avec eux des enseignements fort utiles. Nous ne devons pas, dans une circonstance aussi grave que celle dont il s'agit, négliger de faire connaître ceux qui sont parvenus à notre connaissance. Les conséquences en découleront naturellement.

Faisons observer, en passant, que si nous parlons souvent de l'industrie de la filature, c'est qu'elle occupe une large place en France et emploie, dans tous les pays, un grand nombre d'enfants.

Voici le colloque que nous avons à rapporter :

LE PATRON ET L'OUVRIER.

Le patron disait à son ouvrier :

Je viens d'apprendre que mes employés ont admis, dans mes ateliers, deux de vos enfants qui travaillent pendant douze heures par jour; cependant d'après la loi, un travail de plus de huit heures leur est interdit.

L'ouvrier répondit au patron :

« Il est vrai que mes deux fils, dont l'un est âgé de onze ans et demi, et l'autre de neuf, sont occupés avec moi dans votre filature. L'un gagne 12 francs par quinzaine et l'autre 7 francs. Je ne vous le dissimulerai pas, ces dix-neuf francs me sont d'autant plus indispensables pour nourrir ma famille, que j'ai d'autres enfants plus jeunes qui ne peuvent travailler.

La vie est bien chère, mais ce n'est pas là le seul motif qui me décide à prendre les aînés avec moi.

J'ai la certitude que mes deux fils aînés ne perdront rien de leur bonne santé, en continuant à travailler, sans fatigue, comme ils le font, dans un établissement bien aéré et bien chauffé ainsi que l'est votre filature.

Les enfants des riches ne sont-ils pas enfermés autant de temps dans les pensionnats, pour les classes, les études et les retenues !

Ne se lèvent-ils pas aussi à cinq heures du matin, en été, à six heures, en hiver !

Si mes enfants n'étaient occupés à l'atelier que pendant huit heures par jour, je me demande ce qu'ils feraient le reste du temps.

Ils ne pourraient passer quatre heures à l'école, puisqu'elle ne leur est ouverte qu'à midi et pour une heure seulement.

Je ne connais, en effet, dans le quartier que j'habite, aucune école où l'on reçoive les enfants des fabriques, pendant quatre heures.

D'un autre côté, ma femme ne pourrait s'occuper constamment d'eux à la maison.

Elle a déjà trop de besogne.

Ils iraient donc courir dans la rue, où ils feraient de mauvaises rencontres.

Quoique je ne sois qu'un ouvrier, cela ne m'empêche pas de faire mes remarques personnelles.

Si les enfants de huit à dix ans sont encore trop jeunes pour s'occuper d'autres choses que de jouer, il n'en est pas de même de ceux qui sont un peu plus âgés.

Les enfants de dix à douze ans ne travaillant pas, ou n'étant pas retenus à l'école, contractent toujours de fort mauvaises habitudes dans la rue. On en voit même souvent qui s'y démoralisent, au point de devenir de petits voleurs.

Plutôt que de savoir mes enfants exposés, d'esprit et de corps, aux dangers de la rue, j'aime mieux les avoir à travailler pendant douze heures, soit avec moi, soit avec un autre ouvrier à qui je les confie.

Mes enfants entrent en même temps que moi dans votre filature, et ils en sortent à la même heure que moi.

De cette façon je puis les surveiller.

Ils me quittent seulement pendant une heure et demie, pour aller à l'école communale et pour dîner.

Ensuite je ne les perds pas de vue au déjeûner et au goûter.

Chacun de ces deux repas ne donnant lieu qu'à une demi-heure d'arrêt, ils ne peuvent beaucoup s'éloigner de la filature. Ils jouent dans les environs.

A leur âge nous travaillions bien plus longtemps, et les fabriques n'étaient pas aussi belles et aussi bien tenues qu'elles le sont à présent.

Mon fils aîné a onze ans et demi. Il y a déjà un an qu'il a fait sa communion. Je ne comprends pas qu'on ne me laisse pas au moins tranquille pour celui-là.

Eh bien ! je chercherai une autre filature où l'on me recevra peut-être avec mes deux enfants.

Si je ne la trouve pas, je les placerai chez un ouvrier en chambre, que je connais et qui occupe chez lui plusieurs petits ouvriers.

Il ne fera pas comme vous. Il pourra faire travailler mes deux fils aussi longtemps qu'il le voudra. Rien ne l'empêchera même de les occuper pendant quatorze ou quinze heures par jour, si cela lui convient.

Quant à l'école, je crains bien qu'il n'en soit plus question. »

Le patron mit fin à ce long entretien, en disant à l'ouvrier qu'il y avait beaucoup de vérités dans les choses dont il venait de faire l'énumération : mais que la loi devait être exécutée.

Que conséquemment malgré son désir de conserver, dans sa filature, le père et les fils, dont il n'avait jamais eu à se plaindre, il devait se résigner à les voir partir.

Il est à remarquer que, dans cette conversation avec son maître, l'ouvrier a touché à la plupart des faits et des questions dont nous avons à nous occuper.

Leur délicatesse est extrême.

Nous n'avons pas la prétention de les résoudre.

Nous nous bornerons donc à les examiner.

LE SALAIRE.

Quelque élevé que soit le salaire de l'ouvrier, il devient insuffisant, si sa famille est nombreuse.

Le langage que nous venons d'entendre confirme ce que nous avions dit plus haut, à propos des difficultés rencontrées dans la pratique.

Il existe à Lille beaucoup d'institutions de bienfaisance, mais elles ne peuvent pas toujours venir complètement en aide à l'ouvrier chargé d'une nombreuse famille.

LES ARTISANS ET LES OUVRIERS EN CHAMBRE.

Dans l'état actuel des choses, les enfants, même ceux qui n'ont pas encore atteint l'âge de huit ans, peuvent être admis à travailler chez les artisans et chez les ouvriers en chambre, sans qu'aucun contrôle puisse y être exercé.

EXTENSION DU RÉGIME A TOUS LES ATELIERS.

La loi serait beaucoup plus féconde en bons résultats si elle s'appliquait à tous les ateliers, sans avoir égard au nombre d'ouvriers. L'exemple suivant a pour but de faire ressortir cette vérité :

On remarquait, il y a quelques années, sur le territoire d'une importante commune, aujourd'hui annexée à Lille, deux fabriques bien différentes entre elles.

L'une était une filature occupant 250 ouvriers, dont deux enfants seulement.

L'autre une fabrique d'allumettes chimiques n'occupant que dix-neuf ouvriers, qui tous étaient des enfants.

La filature était parfaitement construite et dans des conditions de salubrité très-satisfaisantes.

La fabrique d'allumettes chimiques était installée dans une ancienne ferme, à l'extrémité d'un chemin creux et rempli de boue. Les fenêtres de cette chaumière étaient petites, les plafonds bas, le rez-de-chaussée n'était pas planchéié ni même pavé.

La filature employant plus de vingt ouvriers ne manquait jamais d'être visitée, tous les mois, par les inspecteurs.

Au contraire, la fabrique d'allumettes chimiques, n'occupant que dix-neuf ouvriers, était en dehors de l'action des inspecteurs.

Pourtant dix-neuf enfants de huit à quinze ans s'y trouvaient réunis. Ils étaient employés pendant quatorze heures à un travail malsain, dans un établissement insalubre. Ils ne fréquentaient aucune école publique ou privée. La loi de 1841 était muette à leur égard.

Ce seul exemple indique suffisamment combien cette loi laisse à désirer.

L'enfant isolé, travaillant dans un petit atelier, doit être protégé tout aussi bien que les deux ou les cent enfants qui travaillent dans un grand établissement.

Il est à remarquer, du reste, que la petite industrie abuse plus souvent de la force physique des enfants, qu'on ne pourrait le faire dans un grand établissement, où beaucoup de pères de famille se trouvent réunis.

Tout ce qui se passe dans une grande manufacture ne manque jamais d'être connu.

Il est rare que l'opinion publique ne serve pas de barrière aux excès.

En ce qui concerne la répression dans les petits établissements, vainement dira-t-on qu'ils sont trop nombreux, pour qu'une surveillance sérieuse en soit possible. Nous répondrons que, partout en France, le nombre des agents de l'autorité est établi en raison de l'importance des populations. Les contraventions, surtout celles qui se produisent plusieurs fois, ne manquent jamais d'être réprimées, quelle que soit leur nature.

Sans doute, la loi à intervenir ne pourra accorder aux agents de surveillance le droit excessif d'entrer dans les manufactures, usines et ateliers. Il ne faut pas notamment qu'un chef d'atelier puisse, à l'aide d'un agent, se renseigner sur ce qui se passe, à toute heure, chez son confrère. Mais les autres moyens d'investigation sont tellement nombreux, que les agents arriveront facilement à faire connaître aux inspecteurs du travail des enfants dans les manufactures les principales contraventions, et particulièrement celles relatives à l'âge d'admission.

Les inspecteurs seuls, bien entendu, continueront de dresser les procès-verbaux.

ÉCOLES.

Indépendamment des classes pour l'instruction primaire, il existe, dans le rayon industriel de Lille, quelques classes pour les jeunes ouvriers et quelques écoles pour les filles. Mais la population est si considérable dans ce pays, les établissements industriels grands et petits tellement nombreux et séparés par de grandes distances, que l'insuffisance du nombre des écoles est notoire.

Dans la seule ville de Lille, les 211 fabriques occupant plus de vingt ouvriers chacune, envoient, tous les jours, plus de 4,000 enfants à la classe qui se fait à l'heure de midi. Cette classe étant tenue, sauf de rares exceptions, dans les locaux des écoles primaires; il est nécessaire qu'elle soit promptement terminée. Les élèves de l'école primaire doivent rentrer vers deux heures, il faut qu'ils trouvent leurs places vides en rentrant. Telle est l'une des raisons qui empêchent de recevoir, pendant quatre heures par jour, les jeunes ouvriers de huit à douze ans.

Ne faut-il pas aussi que les instituteurs aient le temps de prendre leurs repas ?

N'ont-ils pas déjà été tenus assez longtemps pour les élèves des écoles primaires ?

Nous ne devons pas oublier que ce sont les instituteurs des écoles primaires qui font aussi la classe du midi.

MINIMUM D'AGE.

Nous aurions désiré pouvoir proposer douze ans pour l'admission au travail. Nous savons qu'en indiquant cet âge, nous nous serions rencontrés avec beaucoup de personnes qui portent aux populations ouvrières un sincère intérêt.

Nous ne le faisons pas parce que, nous trouvant chaque jour en contact avec les ouvriers, nous croyons bien connaître les pensées et les besoins du plus grand nombre. Or, les besoins des ouvriers chargés de famille sont très-grands, nous ne saurions trop le répéter, et si les enfants de dix ans et demi à douze ans étaient empêchés de travailler, la loi sur le travail des enfants pourrait bien perdre une partie de sa popularité.

Nous ferons remarquer à ceux qui désirent le minimum d'âge de douze ans, que si la loi se dépopularisait, dans l'esprit des classes ouvrières, son application deviendrait presque impossible, surtout dans les parties de la France où l'on ne s'en est pas encore occupé.

L'extension du régime aux ateliers employant moins de vingt ouvriers, donnera lieu à des mesures et à des études très-sérieuses dans tous les départements. Selon nous, ce sera là le côté principal de la question pendant une dizaine d'années.

Au reste, une nouvelle élévation du minimum d'âge pourra toujours être appliquée ultérieurement.

En attendant, il faut autant que possible tâcher de mettre la loi d'accord avec les usages déjà existants. Dans notre opinion, c'est là le meilleur moyen de la faire accepter par les populations.

Cet ordre d'idées nous conduit à attacher une grande importance à ce qu'a dit ci-dessus l'ouvrier au patron, relativement à l'envoi des enfants au travail après leur première communion.

Dans le Nord, plus de quatre-vingt-dix-neuf habitants sur cent appartiennent à la religion catholique. Il entre, en effet, dans les habitudes de ceux qui, parmi les ouvriers, jouissent d'une aisance relative, de laisser leurs enfants à l'école jusqu'à ce qu'ils aient fait leur première communion et de les mettre à travailler immédiatement après. La première communion n'étant donnée qu'une fois par an, vers les fêtes de Pâques, les enfants ont alors de dix ans et demi à onze ans, selon que leur naissance a eu lieu au commencement ou au milieu de l'année. Qu'ils aient terminé à dix ans et demi ou à onze ans, les parents ne veulent jamais retarder l'entrée en fabrique.

« Les enfants, disent-ils, s'habitueraient moins bien au travail s'il y avait un intervalle, c'est-à-dire si, après leur communion, ils passaient plusieurs mois à ne rien faire. »

Nous proposons donc l'âge de dix ans et demi pour l'admission des enfants dans les fabriques. Ceux qui, en raison de l'époque de leur naissance dans l'année, ne pourront faire leur première communion qu'à onze ans, ne se présenteront pas dans les manufactures à dix ans et demi.

Nous aurions aussi proposé, comme d'autres l'ont fait, l'âge de onze ans si les usages, que nous venons d'indiquer, n'existaient pas ; mais, dans l'intérêt des familles et surtout des enfants eux-mêmes, nous ne voulons pas contribuer à faire retarder l'admission au travail de ceux qui ont terminé leur communion à dix ans et demi.

Nous ajouterons à titre d'observation, que les ouvriers du Nord appartenant à des religions, dans lesquelles la communion n'existe pas, ont aussi l'habitude d'envoyer leurs enfants au travail, vers l'âge de dix à onze ans.

DEGRÉ D'INSTRUCTION.

Dans l'état actuel des choses, l'instruction que reçoivent les jeunes ouvriers de la classe de midi, dans les écoles primaires, est à peu près nulle.

Les enfants partent bien des fabriques à midi, mais ils ont toujours une distance plus ou moins longue à parcourir pour se rendre de leur atelier à l'école primaire.

A leur arrivée, l'instituteur doit faire un appel d'autant plus sérieux que les absences donneront lieu à des punitions. Cet appel prend encore beaucoup de temps.

La première demi-heure est souvent passée de cette façon.

Il reste donc à peine une demi-heure à l'instituteur, pour instruire *simultanément* un nombre d'enfants qui atteint quelquefois le chiffre de 200. (Nous pourrions citer des exemples d'un plus grand nombre).

L'âge des jeunes ouvriers admis, depuis 1841, à la classe de midi varie de huit à seize ans. Leur degré d'instruction n'est pas le même. Les uns n'avaient jamais fréquenté l'école avant leur entrée en fabrique, les autres l'avaient fréquentée jusqu'à leur première communion.

Pourtant l'instituteur doit s'adresser à tous.

On comprend que l'enseignement donné dans de telles conditions ne peut pas être sérieux.

La classe de midi pourra donc, dans l'avenir être supprimée sans inconvénient. Les enfants de huit ans n'y perdront pas beaucoup plus que ceux de seize ans.

Il sera infiniment préférable que le minimum d'âge, pour l'admission des jeunes ouvriers, soit fixé à dix ans et demi. Jusqu'à cet âge, les enfants n'auront à s'occuper que de leur instruction primaire et de leur instruction religieuse, quel que soit d'ailleurs le culte auquel ils appartiennent. Dans ces nouvelles conditions, ils apprendront assurément beaucoup plus, de huit ans à dix ans et demi, qu'ils ne peuvent le faire de huit à seize ans, sous l'empire de la loi de 1841.

TRAVAUX A L'AIGUILLE.

Tout ce que nous avons dit ci-dessus, en parlant des jeunes

ouvriers, est applicable aux deux sexes, mais il est un point sur lequel nous ne pouvons négliger d'appeler l'attention.

On remarquait encore, il y a peu d'années, qu'un grand nombre des ouvrières, qui avaient passé leur jeunesse dans les fabriques, ne savaient pas se servir de l'aiguille à coudre. Comme cette circonstance ne les empêchait aucunement de se marier, il résultait de l'ignorance de la femme que les vêtements ou le linge de la famille n'étaient jamais réparés. Rien n'était plus pénible que de voir des femmes, des jeunes filles et de jeunes enfants en haillons.

Il n'en est plus ainsi à Lille en 1867. On a eu l'heureuse idée, dans un certain nombre d'écoles de filles (même pendant les classes de trop courte durée, qui sont tenues à midi) d'apprendre aux enfants à coudre, à tricoter et même à repasser le linge.

Il sera tout à fait nécessaire que les travaux à l'aiguille surtout, ne soient pas oubliés, quand il s'agira d'apporter des modifications à la loi de 1841.

Au point de vue de la moralisation, il est à remarquer qu'en créant aux jeunes ouvrières une occupation, qui est dans les goûts de leur sexe, on leur rend un grand service.

RÉPRESSION.

Parfois de jeunes ouvriers refusent de fréquenter l'école. Dans ce cas ils sont renvoyés de la fabrique.

Il arrive aussi qu'ils s'abstiennent une ou deux fois, pendant une huitaine ou une quinzaine, de se rendre à l'école, ou ils ne se conduisent pas convenablement pendant la durée de la classe. Lorsque ces fautes ou d'autres légèretés se produisent, une petite amende pécunaire leur est infligée, soit par l'instituteur, soit par les employés du patron. Le produit de ces amendes est versé dans la caisse de secours de la fabrique, quand il n'est pas employé à l'achat d'objets décernés aux enfants , lors de la distribution des prix. De cette façon , les fautes de ceux qui ne se conduisent pas convenablement, profitent aux malades et aux plus dociles. Selon nous, c'est là le meilleur mode de répression à l'égard des jeunes ouvriers. Nous n'aimons pas que l'enfant soit dispensé de son travail pendant huit jours. Lorsque cela arrive, les parents seuls sont punis par la privation d'un salaire. Quand à l'enfant lui-même, il est satisfait d'avoir obtenu un congé aussi long. Les inspecteurs ne devraient jamais se servir de ce mode de répression.

En ce qui concerne la répression à l'égard des patrons, qui négligent de faire observer les prescriptions de la loi , la trop grande sévérité occasionne souvent l'impunité des contraventions.

D'après la loi de 1841, les manufacturiers, en cas de récidive, dans l'année, doivent être traduits en police correctionnelle. Cette disposition étant trop rigoureuse, les inspecteurs, dans beaucoup de circonstances , ne dressent pas de procès-verbaux. Il leur répugnera toujours d'intenter à un manufacturier une action qui le conduira personnellement sur le banc de la police correctionnelle, pour avoir commis un délit, dont il n'aura peut-être même pas eu connaissance. La multiplicité des amendes de 15 francs, auxquelles l'industriel peut être condamné pour chaque contravention et par chaque ouvrier, constitue un moyen de répression bien suffisant.

Nous n'hésitons pas à nous prononcer pour qu'une modification supprime la police correctionnelle, comme juridiction devant connaître des contraventions de cette nature. L'exécution de la loi relative au travail des enfants n'en sera que plus certaine.

CLOCHE D'APPEL.

Sous l'empire de la législation actuelle, le travail quotidien, dans les ateliers, ne peut avoir lieu que de cinq heures du matin à neuf heures du soir.

Certains corps délibérants ont demandé la régularisation et la fixation *uniforme* de l'heure d'entrée et de sortie des fabriques et ateliers. Ils ont même demandé qu'une cloche communale fasse une sorte d'appel général, applicable à tous les ateliers d'une même localité.

Nous nous garderons bien d'appuyer une telle demande.

Disons tout d'abord que le travail en général n'aime pas être réglementé. Il aime au contraire à avoir ses coudées franches. Au reste, la plus grande liberté possible lui est souvent nécessaire, au point de vue de sa prospérité.

Les Français ont la manie du règlement. C'est là une des causes pour lesquelles ils n'ont jamais pu devenir colonisateurs. L'excès de règlementation produit les tracasseries.

Dans l'espèce, supposons qu'une ville soit trop grande pour permettre d'entendre, de tous les points, une seule cloche communale. (Il en serait ainsi pour Lille.) Il faudra, en ce cas, que, par chaque quartier, l'on établisse une cloche particulière, qui devra nécessairement être accompagnée d'une horloge.

Les horloges se dérangeront.

Les cloches sonneront plus tôt ou plus tard.

Les agents de l'autorité, chargés de surveiller l'entrée d'une fabrique, petite ou grande, constateront une contravention plus ou moins réelle.

Le tribunal de simple police condamnera le fabricant pour avoir commencé trop tôt.

Le fabricant mettra son ouvrier à l'amende pour avoir commencé trop tard.

L'instituteur, de son côté, infligera une punition à l'enfant pour être arrivé après la fermeture de la porte de l'école, etc., etc.

Sous ce rapport, la loi actuelle a été infiniment plus sage, en se bornant à dire que le travail pourra avoir lieu entre cinq heures du matin et neuf heures du soir.

Beaucoup de raisons, outre celles indiquées ci-dessus, feront que l'uniformité de l'entrée au travail ne sera pas exécutée. Au nombre de ces raisons on verra figurer : les nécessités plus ou moins accidentelles, auxquelles donne lieu le travail lui-même, les convenances des populations, leurs habitudes, les repos plus ou moins prolongés, en raison de la nature des travaux, etc.

CERTIFICAT AVANT L'ADMISSION.

Quelques personnes veulent obliger les enfants à produire, pour être admis en fabrique, un certificat constatant qu'ils savent lire, écrire et compter. Cette mesure ne nous paraît pas plus possible que celle relative à la cloche communale, pour l'entrée *uniforme* dans les fabriques.

L'intelligence et les aptitudes que l'homme apporte, en naissant, sont loin d'être *uniformes*.

L'un deviendra un savant distingué, l'autre ne pourra jamais arriver à apprendre à lire, à écrire et surtout à compter. Faudra-t-il que ce dernier ne puisse pas apprendre à travailler, c'est-à-dire à gagner son pain, parce que son intelligence ou sa mémoire ne lui ont permis que d'épeler ! Pourtant, sachant seulement épeler, peut-être deviendrait-il un excellent travailleur. Il existe, dans presque toutes les fabriques importantes, un ou plusieurs ouvriers dans cette situation. Ne voit-on pas aussi que l'ouvrier, incapable d'apprendre à lire, écrire et compter, deviendra une charge à perpétuité, pour sa famille, alors qu'il aurait pu, par son travail manuel, contribuer à son bien-être !

Nous admettons que l'on puisse demander à l'enfant arrivé à l'âge réglementaire, et désirant commencer à travailler dans les ateliers, un certificat constatant qu'il a fréquenté l'école jusqu'au moment de son entrée. Mais nous nous garderions bien d'exiger de lui un certificat de capacité. Si l'enfant ne peut le produire, se mettra-t-il à commencer à fréquenter l'école à l'âge de dix ans et demi ou onze ans ? Non. Il dira qu'il est trop tard. Ses parents le diront aussi. Si sa famille ne veut plus le nourrir, il cherchera des moyens d'existence dans le vol ou dans l'aumône, ou bien il quittera son pays.

FRÉQUENTATION OBLIGATOIRE.

La dernière question posée par M. le Ministre, est celle-ci :

Devrait-on rendre la fréquentation de l'école obligatoire ?

Cette question est assurément la plus difficile à résoudre.

Elle est aussi la plus délicate.

Elle constitue l'un des plus grands problèmes de l'organisation sociale.

Ainsi que nous l'avons dit plus haut, nous n'avons pas la prétention de pouvoir résoudre de semblables questions. Cependant, comme l'impuissance n'exclut pas le bon vouloir, nous rentrerons pour un moment dans le domaine des faits.

La loi de 1841, qui a eu le grand mérite, selon nous, de préparer les voies et moyens pour une loi plus étendue, oblige implicitement les enfants des ouvriers habitant un pays industriel, à partager leur temps entre l'école et l'atelier. Déjà, maintenant, on voit fort peu de ces enfants, de l'âge de huit à douze ans, sur la voie publique, pendant les heures destinées à la fréquentation de l'école et au travail des fabriques. Lorsqu'un agent en rencontre un, qui lui paraît inoccupé, il lui demande la raison de sa présence dans la rue. Il l'engage, suivant son âge, plus ou moins apparent, à aller à sa classe ou à son atelier. Si l'enfant ne lui donne pas une explication à peu près acceptable, il le reconduit à ses parents, ou il le fait entrer momentanément au poste de police.

En agissant de cette façon, avec quelques enfants d'un quartier quelconque d'une ville, l'agent a trouvé, sans qu'il s'en soit douté, le moyen d'arriver à rendre la fréquentation de l'école obligatoire, pour tous ceux de huit à douze ans du même quartier.

Seulement, le moyen constituerait une atteinte à la liberté individuelle, s'il ne s'agissait pas d'enfants aussi jeunes, et si la plupart d'entre eux n'étaient pas déjà trop bien connus des agents.

Dans tous les cas, ce ne seront ni les parents, ni les patrons, ni les propriétaires, ni les détaillants qui se plaindront.

Au surplus, il est rare qu'un arrêté municipal ne suffise pas, pour résoudre les questions qui concernent la voie publique.

APPRENTISSAGE ET TRAVAIL EN FAMILLE.

M. le Ministre ayant, dans son questionnaire, réservé les questions relatives à l'apprentissage et au travail en famille, nous n'avons pas eu à nous en occuper.

Nous nous bornerons à dire, à titre de renseignement que, dans la circonscription de la Chambre de Commerce de Lille, on n'a pas l'habitude de faire des contrats d'apprentissage.

RÉSUMÉ.

La Commission estime, d'après les considérations qui précèdent :

1° Que la loi sur le travail des enfants peut-être appliquée à tous les ateliers, quel que soit le nombre des ouvriers grands ou petits ;

2° Que la durée du travail effectif peut être fixée à 12 heures, pour tous les ouvriers en général ;

3° Que le minimum de l'âge, pour l'admission au travail peut être fixé à dix ans et demi, au lieu de huit ans ;

4° Que la fréquentation de l'école peut être rendue obligatoire, jusqu'à l'âge de dix ans et demi.

Après discussion de ce rapport, la Chambre déclare convertir en délibération les conclusions qui le terminent.

Délibéré en séance, le 9 août 1867.

SITUATION DE LA FILATURE DE COTON DANS LE RAYON INDUSTRIEL DE LILLE.

— Novembre 1867 —

RENSEIGNEMENTS ADRESSÉS, SUR SA DEMANDE, A M. LE MIMISTRE DE L'AGRICULTURE, DU COMMERCE ET DES TRAVAUX PUBLICS.

MONSIEUR LE MINISTRE,

Nos filatures sont encombrées de produits fabriqués avec des matières premières achetées à des prix élevés et qui trouvent en France une réalisation difficile, même à des prix ruineux, tandis que de son côté la filature de coton étrangère dont l'activité a été paralysée pendant quelques années par le manque de matières premières, mais qui a repris quelque activité en 1865, voyant ses produits repoussés par l'Amérique, en a déversé le plus possible en France, en consentant même à des réductions sur les prix de ses propres marchés.

En effet, l'importation des fils de coton étrangers qui, en 1863, s'était réduite à une valeur de 7,403,000 francs, a atteint dans les neuf premiers mois de 1867 la valeur considérable de 38,108,000 fr.

Le manufacturier anglais en général est plus prompt à se décider à un sacrifice que le manufacturier français, lorsque les circonstances le commandent, ou même en font pressentir le besoin. Aussi dès les premiers mois de 1867, les grandes manufactures d'Angleterre ont diminué la durée du travail et se sont préoccupées de vider leurs magasins, tandis qu'en France on n'est arrivé à ces résolutions qu'à la dernière extrémité.

Et ici se place cette remárque que d'habitude, dans tous les pays, quand une baisse de prix arrive dans l'industrie, la lutte s'établit aussitôt entre les grands et les petits établissements, entre ceux qui dans les temps antérieurs ont réalisé des bénéfices et amorti leur matériel, et ceux qui, étant au début de leur travail, n'ont pas une aussi bonne situation financière, ce qui contribue à précipiter la ruine d'un certain nombre d'entre eux (1).

Après avoir constaté l'augmentation de l'importation des cotons filés, il convient d'établir, le rapport entre la production et la consommation, et d'examiner si en France, depuis un certain nombre d'années, il y a eu dans l'organisation de notre matériel, des augmentations qui tendent à empirer la situation actuelle.

PRODUCTION ET CONSOMMATION DE COTON.

On admet généralement que les filatures de coton situées en Europe et aux États-Unis, comprenant ensemble 55 millions de broches, produisent pour 3,500,000,000 de francs de coton filé.

En adoptant pour la production de la France les mêmes rapports, nous trouverons que les 6,800,000 broches qu'elle possède, doivent produire pour 433,318,000 fr. de coton filé.

En ajoutant aux 433 millions ci-dessus l'excédant probable de l'importation sur l'exportation en 1867 (10,000,000 de fr.), on arrive

---

(1) Il faut bien reconnaître d'ailleurs que nos grands établissements, largement outillés aujourd'hui, ne peuvent plus réduire leur production sans voir s'accroître leurs frais généraux et diminuer leurs chances de succès dans la lutte qu'ils soutiennent avec les producteurs anglais.

à une appréciation sommaire de la consommation générale des cotons filés en France. Elle serait, si nos bases sont exactes, de fr. 443,000,000.

Si nous jugeons de la situation générale de la France, par ce qui est applicable à Lille et à sa banlieue, l'industrie de la filature de coton est restée de 1859 à 1867 dans un état presque stationnaire. Les droits qui entravent l'importation des fils et des tissus anglais en Amérique, font craindre, il est vrai, à nos filatures de se voir enlever une partie de leurs débouchés par l'Angleterre, mais du moins, nous n'avons pas à subir les conséquences de cet accroissement excessif de production qui pèse d'une manière si fatale sur l'industrie du lin.

On voit donc, d'après ces développements dans lesquels la Chambre a cru devoir entrer, que dans la situation actuelle nos filatures de de coton et de lin se trouvent en général dans une position des plus périlleuses.

La Chambre de Commerce, vivement préoccupée de l'avenir des industries de sa circonscription, est heureuse, Monsieur le Ministre, de voir que votre sollicitude s'est appliquée à étudier les causes qui ont amené la situation actuelle.

IMPORTANCE DU MATÉRIEL

En 1849, Lille et sa banlieue possédaient 27 filatures de coton, dont le nombre de broches à filer les N^{os} fins atteignait le chiffre de 231,000

En 1859, le nombre de broches réparties en 43 filatures s'était élevé à 497,000

Soit, pour les dix années, une augmentation de . . 266,000

En 1867, le nombre de filatures n'est plus que de 35, mais celui des broches atteint 510,000 , soit, pour les huit dernières années, une augmentation seulement de 13,000 broches.

De 1859 à 1867, l'importance matérielle de la filature de coton dans le rayon de Lille, est donc, à peu de chose près, restée stationnaire, tandis qu'elle avait plus que doublé pendant les dix années qui avaient précédé les traités de commerce.

Dans tous les cas, le nombre actuel de 510,000 broches ne peut plus s'appliquer exclusivement aux numéros fins, attendu que beaucoup de filateurs de Lille ont (comme l'ont fait également leurs confrères d'Alsace), abandonné, soit partiellement, soit en totalité, les numéros fins pour produire de gros numéros ; que d'un autre côté les établissements nouvellement construits et qui comptent également dans le nombre actuel de 510,000 broches, filent exclusivement les gros numéros.

En réalité, le matériel produisant les cotons fins proprement dits, s'est amoindri de plus du tiers.

Huit filatures ont cessé d'exister, et les établissements restant se sont maintenus jusqu'à présent, parce que la cherté du coton en laine pendant la guerre d'Amérique, a empêché les filateurs anglais, presqu'immédiatement après la mise à exécution du traité de 1860, de donner à leurs importations en France le développement qui, en temps ordinaire, leur est assuré par le bas prix de la fabrication.

BROCHES EN ACTIVITÉ.

Si l'on se place au point de vue de la production générale en numéros gros et fins, on trouve les résultats suivants :

A la fin de 1859, toutes les filatures qui existaient alors étaient en pleine activité, soit, comme ci-dessus, en nombre de broches . . . . . , ... 497,000

En novembre 1867, malgré les immenses dépenses d'amélioration, faites depuis 1860, et l'existence d'établissements entièrement neufs, construits depuis la même époque, 45,000 broches sont arrêtées complètement, ci 45,000

et 15,000 broches sont en chômage partiel, ci   15,000

60,000

En déduisant du nombre actuel de . . . 510,000

les broches en chômage 60,000

on trouve qu'il ne reste plus en activité, en 1867, dans le groupe de Lille, pour les numéros gros et fins, que . . . . 450,000 ci. 450,000

Soit une diminution réelle sur le chiffre de 1859, de. . 47,000

Les renseignements de la Normandie et de l'Alsace indiquent que la filature de coton n'est pas plus heureuse, dans les autres parties de la France.

Il n'en n'a pas été de même en Angleterre.

Depuis 1860, la filature anglaise s'est enrichie de 4 millions de broches, quoique la cherté du coton ait occasionné un temps d'arrêt, et que le marché américain ait été à peu près fermé aux Anglais, par de nouveaux tarifs douaniers, plus protecteurs qu'ils ne l'étaient précédemment.

De leur côté, les États-Unis d'Amérique, depuis 1860, c'est-à-dire depuis l'époque à laquelle ils ont élevé leurs tarifs protecteurs, ont augmenté de plus de 2 millions leur nombre de broches à filer le coton, soit plus du tiers de la quantité antérieure.

Peut-être n'est-il pas inutile de faire remarquer, en passant, que Américains ne sont arrivés à un tarif fort élevé qu'après avoir fait, avec les Anglais, l'expérience d'un tarif très-libéral (1).

———

Avant le traité de commerce conclu entre la France et l'Angleterre, les filateurs du rayon de Lille trouvaient facilement, malgré leurs accroissements progressifs, l'écoulement de leurs produits, principalement sur les places de Lille, Roubaix, le Cambrésis, Calais, Paris, St-Quentin, Tarare et St-Etienne.

Aujourd'hui, les cotons filés s'accumulent de plus en plus, chez les filateurs.

Divers établissements mettent en chômage partiel une nouvelle quantité de broches plus ou moins considérable.

Quelques-uns vont être arrêtés complètement.

Le mal paraît devoir s'accroître encore.

Il convient donc de rechercher les causes de cette déplorable situation.

On en trouve l'explication dans les divers renseignements qui résul-

———

(1) Quelques personnes dont l'impartialité ne peut être mise en doute, tiennent un langage duquel il résulte que l'industrie française aurait tort de se plaindre en ce moment, puisque, disent-elles, l'industrie anglaise éprouve aussi un certain ralentissement.

On a donc déjà oublié qu'il y a à peine dix ans, en 1857, c'est-à-dire trois ans avant le traité anglais, une crise née en Amérique, produisit également d'immenses désastres en Angleterre, et que cependant l'industrie française ne fut jamais plus prospère qu'en 1857.

La France était alors en possession d'un régime douanier qui avait puissamment contribué à développer son travail national, et qui le soutenait d'une manière efficace.

Les modifications survenues en 1860 ont dépassé la mesure de la prudence.

En 1867 notre prospérité industrielle de laquelle toutes les autres émanent, puisque le travail seul peut produire l'aisance dans un pays, paraît d'autant plus compromise, qu'elle dépend surtout du plus ou du moins de facilité que l'Angleterre trouve à écouler les produits de ses immenses manufactures.

tent de la correspondance commerciale provenant des différents centres de tissage ci-dessus indiqués.

Avant de nous occuper de la situation de ces différents pays, où la filature de Lille écoule la plus grande partie de ses produits, nous dirons quelques mots du Hâvre, comme port d'approvisionnement pour la matière première

LE HAVRE.

Antérieurement à 1860, les filateurs de numéros fins du Nord et de l'Est achetaient, chaque année, environ 12,000 balles de cotons fins sur la place du Hâvre.

La progression s'était établie de la manière suivante :

        1846 à 1850, chiffre moyen par an,   5,000 balles.
        1851 à 1855   id.   7,500   id.
        1856 à 1860   id.   12,000   id.

Actuellement, les importations de ce genre de coton se trouvent réduites, dans ce port, à quelques centaines de balles par an.

Nous ne savons si le commerce du Hâvre a trouvé des compensations sur d'autres marchandises, mais nous avons tout lieu de penser qu'il est loin de se féliciter de la perte de son marché de cotons fins.

Quoi qu'il en soit, nous constatons que les filateurs de numéros fins sont maintenant forcés de faire leurs achats à Liverpool.

CALAIS.

Antérieurement à 1860, les cotons filés étrangers étaient prohibés, jusqu'au N° 142 mille mètres. Au-dessus de ce numéro, les filés retors pouvaient entrer sur le marché français, moyennant un droit de 9 fr. 60 par kilogramme. Ce droit est maintenant réduit à 3 fr. 25.

La levée de la prohibition sur les gros numéros , et l'abaissement du droit sur les fins, ont, dans ces derniers temps, fait doubler l'emploi des cotons anglais sur la place de Calais, au préjudice des cotons filés français.

Quant à la fabrication des tulles nouveautés, elle a progressé d'un cinquième environ pour l'exportation, mais par contre, elle a diminué d'environ un dixième pour l'intérieur de la France, par suite de l'introduction des tulles anglais bon marché.

En réalité, Calais produit en 1867 un dixième de plus qu'en 1860, mais tout porte à croire que cette augmentation n'est pas due au changement de législation, et cela d'autant moins que pendant les sept années antérieures à 1860, la progression avait été plus considérable.

Au point de vue de l'intérêt général de l'industrie, la France perd en ce moment, à Calais, plus qu'elle ne gagne au changement. Le petit avantage existant sur le tulle nouveauté, est loin de compenser le préjudice beaucoup plus grand que l'admission des cotons étrangers (sur une plus grande échelle que précédemment), occasionne à la filature faisant l'article destiné à Calais.

Peut-être n'est-il pas inutile de faire observer ici que les tulles nouveautés de Calais n'ont rien de commun avec les tulles unis de Lille et du Cambrésis, dont l'importance était relativement plus considérable, et dont la fabrication tend à cesser complètement en France, si la nouvelle législation douanière est maintenue.

LE CAMBRÉSIS.

Le nombre des métiers qui fonctionnaient régulièrement, pendant le jour et la nuit (c'est-à-dire pendant vingt-quatre heures), avant les traités de commerce, pour la fabrication des tulles unis, se décomposait comme suit :

Caudry. . . . . 343 ⎫
Inchy . . . . 107 ⎪
Beauvois et autres localités . . 50 ⎬ 535 métiers.
Douai . . . . 35 ⎭

En juillet dernier, ce nombre était réduit :

A Caudry. . . . . 173 ⎫
Inchy . . . . 8 ⎪
Beauvois et autres localités. . . 10 ⎬ 203   id.
Douai . . . . 12 ⎭

———————

Diminution. . . . . 332 métiers.

En juillet. les 203 métiers restant n'étaient plus occupés qu'une partie du jour seulement, et tout travail de nuit avait cessé, sauf pour quelques métiers.

Pour Caudry particulièrement, la comparaison entre 1860 et 1867 s'établit comme ci-après :

En 1860, le nombre de métiers fonctionnant vingt-quatre heures par jour et occupant deux ouvriers , l'un pour le jour et l'autre pour la nuit, s'élevait à 343

En juillet 1867, ce n'était plus que 173 métiers fonctionnant irrégulièrement.

En novembre, c'est :

Métiers marchant 18 heures par jour, avec deux ouvriers . 7
  Id.   marchant 6 heures par jour, avec un ouvrier . . 140
  Id.   arrêtés complètement. . . . . 131 ⎫
  Id.   détruits . . . . 65 ⎭ 196

———————

343

Soit une diminution de travail de 88 %. comparativement à 1860.

De plus, Caudry qui occupe, au moyen de *cotons simples retors*, filés en France, la plus grande partie des 147 métiers fonctionnant encore pendant quelques heures de la journée, se voit à la veille d'être privé de sa dernière ressource. *Les cotons simples retors* avaient permis, jusqu'à présent, aux fabricants de Caudry, de faire un genre de tissu particulier. Malheureusement, des importations récentes indiquent que les Anglais commencent à faire l'article similaire.

LILLE.

En 1858 et 1859, il existait à Lille, pour la fabrication des tulles unis, 242 métiers. Tous étaient en activité et fonctionnaient même une partie de la nuit. La quantité fabriquée étaient d'autant plus considérable que les deux tiers de ces métiers étaient occupés à raison de deux ouvriers par chaque métier; un pour le jour et l'autre pour la nuit.

En 1860 et 1861, le matériel industriel des tullistes n'avait pas encore diminué, mais, par suite de l'introduction des tulles anglais, 162 métiers n'employaient plus qu'un ouvrier chacun et les 80 autres étaient mis en chômage.

En novembre 1867, il ne reste plus à Lille que 137 métiers, sur les 242 qui existaient encore en 1861.

61 fonctionnent pendant quelques heures de la journée;

76 sont mis au chômage;

____

137

105 sont détruits;

____

242

Le nombre des ouvriers qui étaient occupés en 1858 et 1859, par les 242 métiers, tant pour la fabrication proprement dite que pour les opérations préparatoires ou accessoires s'élevait à   800

En 1867, les 61 métiers restant n'en emploient plus que 86
____

Différence en moins. . . . . 714 ouvriers.

Au point de vue de la consommation du coton, la comparaison entre 1860 et 1867 s'établit ainsi qu'il suit :

Avant 1860, les filateurs de Lille alimentaient la presque totalité des 242 métiers à tulle.

L'introduction des tulles anglais a occasionné la diminution des sept huitièmes de la production des tulles de Lille.

Le huitième restant se partage par moitié entre la filature anglaise et la filature française, pour l'emploi du coton.

La vente des filés français pour tulles a donc, depuis 1860, diminué des quinze seizièmes sur la place de Lille (1).

SAINT-ÉTIENNE.

Avant 1860, la quantité de coton fin, employée sur la place de

---

(1) Les adversaires du travail national ne manqueront pas de prétendre que les plaintes formulées par l'industrie des cotons fins sont exagérées puisque, diront-ils, les états de la douane indiquent qu'il n'est entré qu'une quantité peu considérable de cotons filés.

Voici ce que nous leur répondrons :

1° La consommation des cotons filés anglais et français est nécessairement subordonnée à l'importance du matériel en activité dans les tissages.

Plus il entrera de tissus, plus le nombre de métiers à tisser diminuera.

S'il ne restait plus en activité un seul métier à tisser, en France, il n'y entrerait plus un seul paquet de coton anglais. La colonne destinée aux cotons filés dans les états de la douane resterait alors en blanc, mais elle ne saurait aucunement prouver la prospérité de la filature française, puisque cette industrie se serait éteinte en même temps que le tissage.

2° Les effets du traité anglais, qui se font maintenant sentir en France d'une façon si inquiétante, avaient été suspendus d'abord par la cherté du coton, ensuite par les vides en filés et tissus qu'il a fallu combler dans tous les pays du monde.

3° Nos adversaires pourront du reste trouver, dans nos correspondances actuelles, la preuve de la parfaite sincérité de nos déclarations en ce qui concerne l'industrie des cotons fins, dont nous avons eu à nous occuper exclusivement dans notre état de situation.

Saint-Étienne, se divisait à peu près par moitié entre la filature française et la filature anglaise.

Aussitôt après la mise à exécution du traité de commerce, les Anglais commencèrent à livrer du coton filé en plus grande quantité ; mais la progression fut interrompue, pour les numéros fins, par la cherté du coton en laine, occasionnée par la guerre d'Amérique.

Par suite de cette cherté les filateurs anglais exigèrent des prix trop élevés ou livrèrent des filés fins de mauvaise qualité. Les fabricants de Saint-Étienne durent alors revenir à la filature française.

En ce moment, les filateurs anglais, ayant en mains des matières premières à meilleur marché, que pendant les quatre années qui ont précédé 1867, se remettent à produire de bonnes qualités à bas prix. Aussi font-ils, depuis un mois, des démarches fort actives pour reprendre la place qu'ils occupèrent immédiatement après la mise à exécution du traité de commerce de 1860.

Le plus important consommateur de Saint-Étienne n'a jamais cessé d'employer des cotons fins anglais Les autres fabricants ont, depuis quatre ans, acheté plus de filés français que précédemment. Mais les offres à bas prix faites par les Anglais rendent, en ce qui touche les filés fins français, la situation actuelle et sa durée fort problématiques.

En attendant, il est juste de constater que l'une des principales filatures de Lille, a reçu le mois dernier, une commission relativement assez importante, quoique les affaires sur la place de Saint-Étienne aient peu d'activité (1).

---

(1) Au moment où nous envoyons ce rapport à l'impression (15 janvier), nous avons le regret de devoir reconnaître que nos craintes n'ont malheureusement pas tardé à se réaliser.

Les Anglais voulant, à tout prix, s'emparer de la consommation de Saint-Étienne, viennent de consentir sur cette place, à une nouvelle baisse de 15 à 20 %, quoique depuis novembre, la matière première convenable pour filer les numéros fins, ait haussé de 10 %.

Cet avilissement du prix des filés anglais, sur le marché français justifie pleinement l'opinion que nous avons formulée dans l'enquête ministérielle de 1853, sur les effets désastreux de la concurrence anglaise, en temps de crise.

Les circonstances actuelles nous engagent à nous reporter à notre déposition dans ladite enquête, à la suite de laquelle on laissa la France jouir d'une prospérité industrielle, qui malgré les grandes guerres de Crimée et d'Italie, fut constamment progressive jusqu'en 1860.

SAINT-QUENTIN.

La production en tissus fins s'est amoindrie dans le rayon de Saint-Quentin depuis la conclusion des traités anglais et suisse.

On y fabriquait, autrefois, notamment beaucoup de tissus unis que les négociants français faisaient broder dans les Vosges et dans les environs de Nancy. Cette fabrication diminue chaque mois de plus en plus, par suite des importations d'articles dont le tissage et la broderie se font à l'étranger.

On estime la valeur totale des cotons filés, consommés annuellement par la fabrique de Saint-Quentin, à 16 millions de francs.

Les Anglais, qui ne paraissaient jamais sur cette place autrefois, y vendent maintenant environ 16 % de la consommation totale.

La quantité envoyée par eux se décompose comme suit :

Les 2/3 des chaînes N°ˢ 30 à 60 ;

1/16 des mêmes N°ˢ en trame, et

également 1/10 des N°ˢ au-dessus de 60 mille mètres.

Quant aux N°ˢ en-dessous de 30, c'est la filature genre de Rouen qui les fournit.

L'emploi des filés anglais, dans la fabrication de Saint-Quentin, tend à prendre des proportions inquiétantes pour les filatures du Nord et de l'Alsace.

TARARE.

Dans le rayon de Tarare, le nombre des métiers à tisser pour la fabrication des tissus unis est, en 1867, à peu près le même qu'il était en 1860. L'activité plus ou moins grande, donnée aux métiers, augmente ou diminue en proportion de la durée des moments de crise ou de prospérité. Somme toute, la fabrication des articles unis ne paraît pas s'être amoindrie depuis 1860. Elle a même quelque peu augmentée. Il n'en est pas de même pour les tissus façonnés. La production de ce genre de tissu a diminué des trois cinquièmes environ. Les causes de cette diminution sont multiples. Le caprice de la mode y est pour quelque chose. Le traité suisse y est pour beaucoup.

Grâce au changement de la législation douanière, la Suisse introduit actuellement, en France, beaucoup d'articles façonnés et brodés qui enrayent la fabrication des articles courants de Tarare.

Une grève des ouvriers de ce rayon a occasionné une augmentation de salaires telle que la lutte paraît désormais impossible avec la Suisse pour les façonnés. Depuis cette grève, un grand nombre de fabricants ont dû abandonner la production de ce tissu. Parmi ceux qui ont voulu continuer, beaucoup se sont ruinés.

La consommation des cotons filés paraît être, en 1867, à peu près la même qu'en 1860. La diminution d'emploi du coton, pour les tissus façonnés, est compensée par l'augmentation pour les unis.

Seulement, il y a une substitution désastreuse pour la filature française. Avant 1860, Tarare n'employait qu'environ 10 %, de filés anglais. En 1867, c'est plus de 80 %, sinon comme poids, du moins comme valeur, et encore les 20 %, *réservés à la filature française*, tendent-ils à disparaître de plus en plus.

La fabrique de Tarare a commencé, immédiatement après la mise à exécution du traité anglais, à employer les très-fins venant de l'Angleterre, puis les fins, puis les moyens, etc.

La presque totalité des filateurs du Nord et de l'Alsace ont dû, par suite du délaissement de leurs produits, abandonner complètement la place de Tarare.

Malgré le bas prix des salaires en Suisse, les cotons filés de cette provenance ne peuvent lutter à Tarare contre la concurrence anglaise.

PARIS.

La consommation des cotons filés français a diminué sensiblement sur la place de Paris.

La passementerie fait venir de l'Angleterre et de l'Allemagne la moitié des filés glacés qu'elle emploie.

Les fabricants de tissus élastiques demandent à l'Angleterre un quart de leur consommation en filés de coton.

Les négociants en cotons à coudre ne lui demandent pas moins des trois quarts de leurs approvisionnements pour ce genre de fil qu'aucune nation, dans le monde, ne fait aussi bien que l'Angleterre.

La fabrication des tissus nouveautés de Paris a le même sort que celle de Roubaix. Elle s'amoindrit et consomme conséquemment moins de cotons filés qu'autrefois.

D'un autre côté, les fausses déclarations en douane, sur beaucoup d'articles et notamment sur les fils retors en plusieurs torsions, produisent souvent des allégements de tarifs au préjudice de l'industrie française.

Les filateurs anglais n'ont pas cru devoir faire figurer leurs produits à l'exposition de 1867. (Cette circonstance a été constatée par le jury, classe 28). Seulement comme ils ont trouvé que le marché français avait assez d'importance pour remplacer pour eux le marché américain, ils ont eu plusieurs réunions à Paris.

Dans ces *meetings*, ils ont reconnu que le meilleur moyen de s'emparer de notre marché de filés et de tissus consistait à adopter, pour les marchandises destinées à la France, les différentes formes sous lesquelles les filateurs et tisseurs français présentent leurs produits à la vente. Afin de ne rien négliger, sous ce rapport, ils ont fait venir à Paris leurs employés et un certain nombre de leurs principaux ouvriers.

Si la guerre d'Amérique a retardé les effets du traité de 1860, en quadruplant le prix du coton pendant plusieurs années, l'exposition de 1867 paraît destinée à donner à ce traité, au préjudice de l'industrie française, tout le développement dont il est susceptible en ce qui touche les filés et les tissus de toutes les matières textiles. La possibilité de produire plus ou moins sera la seule limite que rencontrera l'Angleterre et l'on sait combien peut être rapide l'accroissement qu'il lui convient de donner à sa production industrielle.

ROUBAIX.

La Chambre consultative de cette ville est, plus que tout autre corps délibérant, en position d'entrer dans des détails circonstanciés sur les causes du malaise qu'éprouve cet important centre manufacturier. Nous lui en laisserons donc le soin.

Cependant, la filature de Lille étant fortement intéressée à la prospérité du tissage de Roubaix, nous ne pouvons nous dispenser de le faire figurer dans l'état de situation qui nous occupe.

D'après nos renseignements, la fabrique de Roubaix possède 10,000 métiers mécaniques. Environ 3,500 de ces métiers sont en chômage.

La production à bas prix est un privilége que l'on n'enlèvera jamais aux Anglais. Elle fait particulièrement la prospérité de leur immense industrie. Par contre, cette production à bon marché est la cause des importations considérables qui ont été faites, en tissus unis, au mois de mars dernier, sur la place de Paris, au grand préjudice des patrons et des ouvriers de Roubaix. Ces importations ont continué depuis et elles prendront, selon nous, dans l'avenir, d'autant plus d'importance que le coton en laine sera moins cher.

La cherté du coton, pendant la guerre d'Amérique, avait permis momentanément aux intelligents industriels de Roubaix de fabriquer des articles légers et à bas prix. Ces articles étaient en laine et les Anglais en achetaient eux même une très-grande quantité.

Mais, depuis que la guerre d'Amérique est terminée, le coton reprend de plus en plus la place qu'il occupait antérieurement. Les 34 millions de broches des Anglais (30 millions en 1860 et 4 millions de plus en 1867) se remettent à fonctionner et elles écrasent, par leur énorme poids, tout ce qui leur fait obstacle dans le monde industriel.

Bon gré mal gré, les tissus unis anglais entreront en France, tant que durera le traité de 1860, et la fabrique de Roubaix, malgré son génie industriel, ne pourra probablement jamais produire assez d'articles en tissus nouveautés pour occuper ses 10,000 métiers.

En ce moment, un certain nombre de filatures de Lille, qui travaillent spécialement pour le tissage de Roubaix, sont menacées, les unes d'un chômage partiel et les autres d'un arrêt complet.

REMARQUES.

Dans l'arrondissement de Lille, les contributions directes et indirectes produisent encore à l'Etat un chiffre magnifique, mais la valeur des propriétés industrielles décroît sensiblement depuis que l'exécution du traité anglais devient sérieuse.

En ce qui concerne la vie et les vêtements à bon marché, les espérances que quelques personnes avaient pu concevoir en 1860 ne se sont pas réalisées. C'est du moins le contraire qui existe dans le Nord.

La nouvelle loi sur les coalitions n'a profité qu'à l'industrie étrangère. Elle a été et elle sera toujours contraire aux intérêts des consommateurs, des patrons et des ouvriers français.

Vœux exprimés par les Filateurs, tant en leur nom qu'en celui des Tisseurs et d'une foule d'autres fabricants et ouvriers dont le sort dépend du plus ou du moins de prospérité de la filature et du tissage.

Ne pas renouveler, en 1870, le traité de commerce contracté en 1860 avec l'Angleterre. Les effets de ce traité, s'il est renouvelé dans les mêmes conditions, menacent de devenir désastreux pour la France, au point de vue de sa richesse, c'est-à-dire de sa puissance, et aussi au point de vue du bonheur d'une grande partie des ouvriers.

Employer des moyens énergiques pour la surveillance, à l'entrée en France, des filés à plusieurs torsions et des tissus payant un droit *ad valorem*, de telle façon que les fausses déclarations et les fausses factures deviennent impossibles.

La commission était composée de MM. ÉMILE DELESALLE
et HENRI LOYER, Rapporteur.

STATISTIQUE DES OUVRIERS SANS TRAVAIL.

— 24 Décembre 1867 —

LETTRE A M. LE MAIRE DE LILLE.

———

Monsieur le Maire,

Vous m'avez fait l'honneur de me communiquer, le 24 de ce mois, une lettre que M. le Préfet du Nord vous a adressée le même jour, et qui contient une demande de renseignements sur les effets de la crise industrielle, spécialement en ce qui concerne l'industrie cotonnière.

L'inspection du tableau annexé à la lettre de M. le Préfet, m'a fait reconnaître, tout d'abord, que la Chambre de commerce ne pourrait, avec les moyens d'investigation dont elle dispose, recueillir des renseignements aussi détaillés et aussi précis que ceux qui sont demandés par M. le Préfet.

L'administration devra elle-même compléter l'enquête par ses agents, qui sont le plus directement en rapport avec la population ouvrière, et il me semble même difficile qu'ils y arrivent, d'une manière satisfaisante, si elle doit procéder par voie d'urgence, comme cela est indiqué dans la lettre précitée ; peut-être arrivera-t-on, pour la ville de Lille, à une certaine appréciation en s'adressant aux administrations charitables qui distribuent des secours aux ouvriers sans travail dont le chiffre s'élève, dit-on, en ce moment, à dix mille environ.

Quoiqu'il en soit, je m'empresse de vous faire connaître le résultat, malheureusement fort incomplet, des recherches auxquelles la Chambre s'est livrée :

La population ouvrière de Lille se répand dans tous les quartiers de l'agglomération urbaine, de la banlieue et des communes limitrophes. Il arrive fréquemment que la femme de l'ouvrier habite à une grande distance de l'atelier où il travaille ; beaucoup de fileurs, de rattacheurs, de tisseurs, etc., ne travaillent même pas d'une façon permanente dans les mêmes ateliers, ils voyagent au contraire d'une fabrique à une autre selon leur convenance ou leurs intérêts.

Ce sont précisément les ouvriers de cette catégorie qui, dans les moments de crise, souffrent le plus du chômage. Il arrive néamoins parfois qu'ils trouvent à s'occuper en dehors de l'industrie cotonnière.

Le seul renseignement à peu près certain, qui ait pu être recueilli, porte sur le nombre de broches en chômage. Ce nombre est évalué à cent mille environ pour Lille et son rayon, c'est-à-dire la banlieue et les communes limitrophes.

Cette proportion représente à peu près le cinquième des broches qui étaient en activité avant la crise.

DOUANES. — PROJET DE LOI DES DOUANES. — INDUSTRIE DU LIN ET DU COTON.

— 27 Décembre 1867 —

NOTES REMISES A M. KOLB-BERNARD, DÉPUTÉ DU NORD, MEMBRE
DE LA COMMISSION DU PROJET DE LOI DES DOUANES
AU CORPS LÉGISLATIF.

Dispositions relatives à Saint-Louis du Sénégal et à l'île de Gorée.

Le Gouvernement, dit le projet, a cru que le moment était venu d'accorder, à nos possessions de la côte d'Afrique, les franchises que la loi du 3 juillet 1861, a concédées aux îles de la Martinique, de la Guadeloupe et de la Réunion.

Ces franchises, dont vient de profiter la Martinique, ont eu ce résultat que les maisons de Lille qui alimentaient la Martinique de toiles et de confections fabriquées dans le Nord, sont aujourd'hui obligées d'acheter ces toiles en Angleterre et en Belgique et de les exporter de ce pays directement pour la Martinique. (Les maisons Deblock, Sonck, faisaient ce commerce à Lille). Le vote du Conseil général de la Martinique n'a pas été pris sans opposition.—Les exportateurs de la Martinique qui avaient des relations avec les fabricants Français, auxquels ils envoyaient leurs sucres et leurs cafés en échange de leurs toiles vont être obligés de créer ces mêmes relations avec l'Angleterre et la Belgique, encore aux dépens de la France. Mais la majorité l'a emporté. — C'est ce régime qu'on veut donner aux autres colonies, au moment même où des centres industriels partent des protestations contre le traité de commerce. — Il y a là une persistance systématique dans des idées très-fâcheuses pour l'industrie nationale. — Il semble qu'en présence de la crise qui pèse sur les centres industriels, on devrait au moins attendre. — Au contraire, on aggrave le mal.

Les filés de coton à la main, que produit la Tunisie, ne sont pas connus des filateurs de Lille, et ne doivent se composer que de gros numéros, se rapprochant de certains genres qui se filent à Rouen ou à Oissel.

La filature de Lille ne paraît donc avoir aucun intérêt direct dans l'admission des cotons filés de la Tunisie.

Cependant, deux considérations de la plus haute importance doivent être examinées, avant qu'une résolution soit prise dans cette circonstance qui, de prime abord, ne paraît avoir qu'une portée fort secondaire :

1° Comme il est clairement reconnu que les tarifs conventionnels, dont parle le projet de loi, ne sont pas suffisants pour protéger d'une manière efficace la filature française, et que d'autre part, l'Angleterre a le droit d'introduire ses produits en France, au même taux que la nation la plus favorisée, il serait convenable, en vue de l'avenir, d'élever les droits d'entrée, dans les nouveaux traités de commerce et notamment pour les cotons filés de la Tunisie.

En agissant ainsi, on évitera une partie des complications qui se présenteront dans un temps plus ou moins rapproché.

2° On aurait tort de penser qu'un fil de coton ou un tissu étranger entrant en France ne peut nuire au travail national, si le produit similaire ne se produit pas en France. C'est le contraire qui est vrai.

Le produit étranger qui, par suite des caprices de la mode, ou pour toute autre cause, entre dans la consommation française y remplace toujours un produit français. Dans ce cas, la consommation des tissus reste la même, mais les ouvriers étrangers viennent l'alimenter en partie, au préjudice des ouvriers français.

TRAVAIL DES ENFANTS DANS LES MANUFACTURES ET ATELIERS.

— 17 Avril 1868 —

RAPPORT FAIT A LA CHAMBRE PAR L'UN DE SES MEMBRES AU NOM D'UNE COMMISSION.

MESSIEURS,

La Chambre a été appelée à donner ses renseignements et ses appréciations sur les modifications à apporter dans la loi relative au travail des enfants dans les manufactures.

Dans sa séance du 9 août 1867, elle a entendu le rapport d'une Commission spéciale et converti en délibération les conclusions suivantes, répondant aux diverses questions posées par Monsieur le Ministre du Commerce, de l'Agriculture et des Travaux Publics, et lui faisant connaître les appréciations de la Chambre.

1° *La loi sur le travail des enfants peut être appliquée à tous les ateliers, quel que soit le nombre des ouvriers grands et petits ;*

2° *La durée du travail peut être fixée à douze heures pour tous les ouvriers en général ;*

3° *Le minimum de l'âge, pour l'admission au travail, peut être fixé à dix ans et demi au lieu de huit ans ;*

4° *La fréquentation de l'école peut être rendue obligatoire jusqu'à l'âge de dix ans et demi.*

Un projet de loi, en ce moment à l'étude au Conseil d'Etat, propose les dispositions ci-après, qui s'éloignent essentiellement des conclusions adoptées par la Chambre.

Admission des enfants dès l'âge de huit ans ;

Obligation pour les enfants, ayant moins de treize ans, de suivre une école pendant deux heures par jour ;

Obligation pour les adolescents, âgés de plus de treize ans, de continuer à suivre une école ;

Réduction du travail des enfants, de huit à treize ans, à six heures seulement par jour ;

Réduction du travail des enfants de treize à seize ans, à dix heures ;

Réduction du travail des filles et des femmes, à onze heures, alors même qu'elles ont dépassé l'âge de seize ans.

Placés, comme nous le sommes, au milieu d'un grand centre industriel, où la loi actuelle, sur le travail des enfants, s'exécute d'une façon très-sérieuse et même complètement exceptionnelle, comparativement aux autres parties de la France, nous pensons que nos renseignements et nos appréciations continueront d'avoir quelque utilité.

Nous croyons donc devoir appeler de nouveau l'attention sur les différents faits pratiques, indiqués dans la délibération de la Chambre de Commerce de Lille, en date du 9 août 1867.

Nous croyons devoir également présenter un nouveau rapport,

dans lequel nous donnons nos appréciations, sur les modifications proposées par le projet de loi dont il s'agit.

Nous sommes, en un mot, forcés de reconnaître (et nous n'hésitons pas à le déclarer) que, si les dispositions de ce projet de loi devaient être admises, la plupart des considérations, au point de vue desquelles la Chambre de Commerce de Lille s'est placée, dans sa délibération du 9 août, ne recevraient pas satisfaction et, que, d'un autre côté, les nouvelles dispositions proposées seraient plutôt nuisibles qu'elles ne seraient utiles.

Le but principal du Gouvernement paraît être, en proposant une nouvelle loi sur le travail des enfants, d'empêcher tout ce qui pourrait concourir à une diminution du chiffre de la population, et surtout à la dégénérescence de ceux qui seront appelés plus tard à défendre le pays.

C'est assurément dans ce double but que l'auteur du projet de loi a voulu ménager les forces physiques de l'enfant, et le faire vivre au grand air le plus longtemps possible.

Nous nous empressons de rendre hommage aux bonnes intentions du projet de loi, mais c'est, selon nous, par des moyens bien différents de ceux qu'il propose que l'on arrivera au but désiré.

Le projet de loi admet l'enfant au travail dès l'âge de huit ans, en lui interdisant la faculté de travailler plus de six heures par jour jusqu'à l'âge de treize ans, et plus de dix heures jusqu'à l'âge de seize ans.

Nous, au contraire, nous laissons l'enfant se développer autant que possible pendant ses jeunes années, et s'occuper uniquement de son instruction jusqu'à onze ans.

Lorsqu'il est arrivé à cet âge, il ne serait pas prudent selon nous, de l'empêcher de contribuer sérieusement à gagner ses moyens d'existence.

La vie au grand air est un moyen hygiénique excellent, mais à la condition que l'estomac soit convenablement rempli.

Cette dernière condition fait malheureusement trop souvent défaut dans la classe ouvrière.

Nous ne saurions trop répéter que le salaire de l'ouvrier qui a plusieurs enfants, est presque toujours insuffisant pour satisfaire aux besoins de la famille.

Lorsque le pain manque ou n'est pas assez abondant, dans une maison, *la dégénérescence y arrive bien vite, et la famille diminue plutôt qu'elle n'augmente.* Sous ce dernier rapport le contraire est une exception.

Telles sont, selon nous, les principales causes de la diminution de la population d'un pays et de l'affaiblissement physique des classes ouvrières (1).

C'est au contraire par le développement du travail et conséquemment du salaire, que l'on obtient l'accroissement du chiffre de la population.

Le département du Nord, qui est le pays le plus industriel de France, c'est-à-dire le pays où l'on travaille le plus, comptait, en 1806, à peine 800,000 habitants. Sa population en 1866, dépassait déjà 1,400,000.

Ce n'est plus un département, disait l'Empereur lors de son dernier voyage à Lille, c'est une province.

Cet argument est péremptoire, surtout si l'on songe à la diminution qui s'est produite dans les départements où les enfants sont le moins occupés.

Dans le Nord, il y a du travail convenable pour tous les âges.

---

(1) Nous n'avons pas voulu faire figurer dans notre tableau l'intérieur du ménage d'une veuve et de ses enfants que l'on empêcherait de travailler. Ce tableau serait trop noir.

Le père et les enfants, et parfois la mère, trouvent souvent de l'occupation pour tous, dans le même atelier ou dans la même manufacture.

Une famille travaillant dans ces conditions, jouit toujours d'une grande aisance relative.

La santé, la moralité et le bien-être en sont les conséquences.

Si l'on oblige les enfants de onze à treize ans à ne pas travailler plus de six heures par jour, ceux de treize à seize ans à ne travailler que dix heures, les filles et les femmes à ne travailler que onze heures, on enlèvera aux ouvriers adultes leurs aides, et l'on forcera également la plupart des pères de famille à ne s'occuper que pendant six, dix et onze heures, alors qu'un travail de douze heures apporterait l'aisance dans leur intérieur.

Tout est organisé en France dans les manufactures pour une journée de douze heures.

Les nouvelles mesures proposées tendent à désorganiser de plus en plus le travail national manufacturier, dont plusieurs branches sont déjà fort compromises, par suite de la cherté des vivres et des modifications douanières.

La loi de 1841 avait fait une légère exception, en ce sens qu'elle ne dispensait qu'un petit nombre d'enfants de suivre la loi commune.

Si l'on fait sortir de cette loi commune, non-seulement les enfants des deux sexes de onze à seize ans, mais encore les femmes de tout âge, on rendra certains travaux onéreux ou impossibles, et beaucoup d'ouvriers se trouveront privés de leurs moyens d'existence.

Le travail d'une manufacture ne ressemble aucunement à celui qui se pratique dans les ateliers des tailleurs et des couturières, où il peut être repris et quitté partiellement. — Le nombre des ouvriers étant déjà insuffisant dans le Nord, il ne serait pas non plus possible de faire exécuter une partie du travail par une deuxième brigade de femmes ou d'enfants.

Il nous reste à examiner un côté fort délicat de la question : *le côté moral.*

A notre connaissance, il n'existe nulle part d'école spéciale toujours ouverte pour la classe ouvrière.

Nous nous demandons alors très-naturellement où la jeune fille pourra passer le temps qu'elle ne passera pas à l'atelier ?

La maison paternelle est fermée, parce que les parents sont restés à leur travail. — L'église n'est ouverte qu'à certaines heures de la journée. — L'ouvroir public n'existe pas encore.

Il ne reste donc que la rue ou le cabaret.

Dans sa douzième année et même dans sa treizième année, la jeune fille aura toute sa liberté pendant six heures de la journée. C'est beaucoup !

Il est vrai qu'elle n'aura plus la possibilité de passer au-delà de deux heures dans la rue ou au cabaret, quand elle sera arrivée à ses quinze ans. Mais à cet âge, c'est encore, selon nous, beaucoup trop.

Nous doutons très-fort que la vie au grand air, ainsi comprise, donne de bons résultats au point de vue de la moralisation des classes ouvrières, du perfectionnement des formes et de l'augmentation des forces physiques.

C'est du reste en 1848, à la suite de la révolution de février et, sur la demande des ouvriers eux-mêmes, que la durée de la journée a été fixée à douze heures.

Dans un climat tempéré comme celui de la France, un travail de douze heures est loin d'être abusif, après l'âge de onze ans, à moins qu'il ne s'agisse de travaux insalubres.

En résumé, les dispositions du projet de loi dépassent, selon nous, les limites de la prudence, elles seront d'ailleurs mal accueillies par les classes ouvrières, parce qu'elles désorganiseront le travail d'ensemble dans beaucoup d'industries et qu'elles priveront un certain nombre d'hommes, de femmes, de jeunes filles et d'enfants de la liberté dont ils jouissent d'augmenter leur bien-être, au moyen d'un travail honnête, ne dépassant pas douze heures par jour.

Si, pour faire exécuter les nouvelles dispositions, l'on est forcé d'employer la rigueur, la loi concernant le travail sera dépopularisée, de même que les autorités qui seront chargées d'en poursuivre l'exécution. A l'appui de cette dernière appréciation, nous rappellerons un colloque entre patron et ouvrier, que nous avons reproduit dans notre premier rapport.

En ce qui concerne l'instruction, nous ferons observer que le nombre des écoles existantes, étant fort insuffisant déjà pour recevoir tous les enfants, n'ayant pas encore atteint l'âge de dix ans et demi ou onze ans, il serait sage de s'occuper seulement de cette première catégorie, avant de songer aux autres.

Ainsi que nous l'avons d'ailleurs fait remarquer dans le premier rapport, il sera toujours facile de relever ultérieurement le minimum de l'âge fixé pour l'admission dans les ateliers.

Après discussion, la Chambre a décidé que ce rapport serait envoyé à **M.** le Ministre de l'Agriculture, du Commerce et des Travaux publics, comme faisant suite aux observations présentées par la Chambre, sur la même question, le 9 août 1867.

Délibéré en séance, le 16 avril 1868.

CONSEIL DES PRUD'HOMMES ET LIVRETS D'OUVRIERS. ENQUÊTE.

— 8 Octobre 1868 —

RAPPORT FAIT A LA CHAMBRE PAR L'UN DE SES MEMBRES AU NOM D'UNE COMMISSION (1).

MESSIEURS,

Par suite des vœux émis par les délégations ouvrières, à l'exposition universelle de 1867, M. le Ministre de l'Agriculture, du Commerce et des Travaux publics a décidé qu'il serait fait une enquête relativement aux modifications, dont pourraient être susceptibles les lois et les décrets, concernant les Conseils des Prud'hommes et les livrets d'ouvriers.

En vue de cette enquête, Monsieur le Ministre envoie à la Chambre de commerce de Lille un questionnaire, et l'invite à lui faire connaître son opinion sur chacun des points qui y sont énoncés.

Vous avez, Messieurs, dans votre dernière séance, nommé une commission spéciale, à laquelle vous avez renvoyé le questionnaire dont il s'agit.

La majorité de cette commission m'a chargé de vous présenter le rapport suivant :

---

(1) La Commission était composée de MM. A. Descamps, Descat, Henri Loyer, rapporteur.

Questions relatives aux Conseils des Prud'hommes

L'institution des Prud'hommes remonte à l'année 1806.

La circonscription de la Chambre de commerce de Lille a été l'un des premiers centres manufacturiers, qui ont mis en pratique, en France, cette utile institution.

Nous pensons que l'on trouvera peu de modifications à apporter à la législation actuelle, datant des 1er et 4 juin 1853.

En vertu de cette législation, les principes de *l'égalité devant la loi* sont sérieusement appliqués au jugement des contestations, entre les patrons et les ouvriers. Il ne peut pas en être autrement, puisque les Conseils des Prud'hommes, qui jugent fréquemment, suivant leur appréciation des faits et des usages locaux, sont composés, par égale partie, d'ouvriers et de patrons, élus séparément, tous les trois ans.

Au point de vue de la tranquillité et de la sécurité publiques, l'autorité rencontre également des garanties dans la loi de 1853, puisque le Chef de l'Etat nomme les présidents et les vice-présidents.

Monsieur le Ministre a donc parfaitement raison, dans l'intérêt des ouvriers comme dans celui des patrons, de faire procéder à une enquête sérieuse avant que des modifications plus ou moins importantes soient apportées à l'organisation actuelle des Prud'hommes.

Ce tribunal, qui paraît être une institution assez modeste en temps ordinaire, peut, suivant le personnel dont il est composé, exercer une influence décisive, au point de vue de la sécurité publique, surtout dans les grands centre de population, pendant les moments d'agitation populaire.

Nous allons, au surplus, suivre le questionnaire.

PREMIÈRE QUESTION.

Quelles sont les modifications qu'il pourrait être utile d'introduire dans l'organisation des Conseils des Prud'hommes, et notamment dans les catégories qui composent ces Conseils ?

Il résulte de ce qui précède que nous avons peu de modifications à proposer dans l'organisation établie par la loi de 1853. Cette loi est très-libérale puisque le bureau général des Prud'hommes, seul apte à rendre des jugements, est composé d'un nombre égal de patrons et d'ouvriers, et que le Président et le Vice-Président, nommés par le Chef de l'Etat, peuvent tout aussi bien être choisis parmi les ouvriers que parmi les patrons.

DEUXIÈME QUESTION.

Conviendrait-il d'allouer, à titre d'indemnité, aux Prud'hommes patrons et aux Prud'hommes ouvriers, soit des jetons de présence, soit une rémunération fixe ou proportionnelle ?

Les Prud'hommes ouvriers, notamment ceux de Lille, reçoivent de la caisse municipale, pour chacune des séances auxquelles ils prennent part, un jeton de présence de la valeur de 2 fr. 50 c.

Nous pensons que cette indemnité est suffisante. Il ne faut pas en effet que les fonctions de Prud'hommes deviennent une carrière, et qu'en réalité la qualité d'ouvrier cesse d'exister. Cet inconvénient se produirait notamment si la rétribution atteignait un chiffre important, ou si les réunions devenaient trop fréquentes.

En ce qui concerne les Prud'hommes patrons, la rémunération qui leur serait accordée présenterait un danger sur lequel nous appelons l'attention.

Plus le nombre de jetons à distribuer serait considérable, plus on serait exposé à voir rejeter, par les administrations municipales, la dépense à laquelle ils donnent lieu.

Il résulterait nécessairement de cette circonstance que, dans certaines localités, les Prud'hommes ouvriers pourraient être privés d'une indemnité dont tout le monde comprend l'utilité pour eux.

TROISIÈME QUESTION.

Le système actuel de nomination des Présidents et des Vice-Présidents des Conseils des Prud'hommes offre-t-il des garanties utiles à maintenir ou présente-t-il des inconvénients ?

Nous avons, dans ces derniers temps, entendu exprimer le désir que la nomination des Présidents et Vice-Présidents ne puisse être faite en dehors de ceux qui ont le droit de prendre part à l'élection des Prud'hommes et qui sont éligibles.

QUATRIÈME QUESTION

Doit-on maintenir la composition actuelle du bureau de conciliation?

Est-il nécessaire de régler d'une manière explicite la présidence de ce bureau ?

Dans l'état actuel de la législation, le bureau de conciliation est formé par deux Membres du Conseil et la présidence est attribuée au patron.

Cette attribution n'a jamais donné lieu à aucune réclamation.

Il est du reste à remarquer qu'elle ne peut avoir une importance décisive, puisque le bureau de conciliation ne prononce aucun jugement, et que son rôle se borne au renvoi des parties devant le bureau général, si elles n'ont pu être conciliées.

CINQUIÈME QUESTION.

Est-il utile d'autoriser les ouvriers encore mineurs, qui sont dans l'impossibilité de justifier du consentement de leurs parents ou tuteurs, à se présenter personnellement, à défaut de ceux-ci, devant les Conseils des Prud'hommes, pour le paiement de leur salaire ?

A quel âge et sous quelles conditions cette faculté pourrait-elle être accordée ?

En matière civile ou commerciale et même en matière criminelle, la loi fixe des limites d'âge.

En dehors de ces limites, elle n'admet pas que le mineur possède assez de discernement pour comprendre l'importance des actes auxquels il est appelé à donner son concours.

La loi ne peut avoir deux poids et deux mesures.

Quoiqu'il en soit, les ouvriers encore mineurs, qui sont dans l'impossibilité de justifier du consentement de leurs parents ou tuteurs, pourraient être, à défaut de ceux-ci, autorisés *après l'âge de 16 ans révolus* à se présenter seuls devant les Conseils des Prud'hommes, pour le paiement de leurs salaires.

Jusqu'à l'âge de seize ans, ils devraient se faire accompagner par une personne majeure les recevant habituellement chez elle, soit pour la nourriture, soit pour le logement.

Le patron, ainsi que cela se pratique dans le Nord, dirige souvent par lui-même un établissement considérable.

Son travail doit donc être pris au sérieux, puisque celui d'un très-grand nombre d'ouvriers peut être momentanément empêché ou compromis par l'absence du chef.

Or, l'imagination se refuse à admettre qu'une loi pourrait, dans l'avenir, soumettre personnellement le patron aux caprices d'un enfant plus ou moins espiègle (nous ne voulons pas nous servir d'aucun autre mot), qui, dès l'âge de 8 ou 12 ans, aurait le droit de conduire, bon gré mal gré, son maître devant le Conseil des Prud'hommes.

Dans l'état actuel des choses, le patron est déjà assez souvent obligé d'aller, en personne, expliquer sa cause devant le Conseil des Prud'hommes. Le maintien de son autorité et le bon ordre, dans la fabrique, dépendent parfois d'une circonstance en apparence futile.

SIXIÈME QUESTION.

Convient-il d'exiger une citation par huissier, pour que le bureau général puisse prononcer un jugement par défaut?

Une lettre chargée pourrait-elle, dans certains cas, être considérée comme suffisante pour remplacer la citation par huissier?

Selon nous, le remplacement de la citation par une lettre chargée, conduira à la suppression du Bureau de conciliation.

Si les parties peuvent arriver, sans frais, devant le bureau général, l'appel de la cause devant ce bureau, qui constitue aujourd'hui l'exception, deviendra la règle, et le rôle des juges conciliateurs sera rendu nul ou impossible.

D'un autre côté, si presque toutes les causes doivent être entendues par le bureau général, après un premier déplacement pour la conciliation, la perte du temps sera désormais beaucoup plus considérable qu'elle ne l'était antérieurement pour les ouvriers, les patrons et les Prud'hommes eux-mêmes.

Ce n'est pas tout encore :

Le nombre exigé par la loi, pour que le bureau général puisse prononcer un jugement, étant de cinq juges, y compris le président, nous nous demandons si un tribunal aussi nombreux ne se trouvera pas souvent dans une fausse position.

Le Conseil des Prud'hommes conservera-t-il toute la considération dont il est digne, s'il doit subir le caprice d'un individu qui trouvera plaisant de provoquer, *sans frais pour lui*, une réunion imposante (cinq juges), pour une question insignifiante ?

L'importance d'une réclamation ne pouvant être appréciée à l'avance, par le Secrétaire des Prud'hommes, ayant mission d'envoyer les lettres chargées, il peut arriver que le débat se réduise, en fin de compte, à une valeur de quelques centimes.

Sous l'empire de la loi actuelle, l'obligation dans laquelle se trouve le demandeur, de faire à l'huissier l'avance des frais d'une citation, est un obstacle à ce genre d'abus, qui ne manquera pas de se produire, si l'on se contente d'envoyer des lettres chargées.

SEPTIÈME QUESTION.

Y a-t-il lieu d'étendre au-delà d'un mois le privilége accordé par la loi aux ouvriers ?

Il est d'usage dans le Nord de payer toutes les semaines ou toutes les quinzaines, les salaires des ouvriers travaillant dans les ateliers, manufactures ou chantiers.

Par contre, les ouvriers, s'occupant chez eux à un travail à l'entreprise, dont la durée exige parfois deux ou trois mois, ne reçoivent souvent le solde de leur prix de façon que lorsqu'ils livrent la fin du travail à leur patron.

La loi ne fait pas de distinction pour le privilége qu'elle accorde par l'article 549 du Code de Commerce.

Selon nous, il conviendrait de maintenir le délai d'un mois, pour les ouvriers travaillant chez un patron, et de l'étendre à trois mois pour les ouvriers travaillant chez eux.

HUITIÈME QUESTION.

Dans le cas où il paraît nécessaire de fractionner en sections les assemblées particulières des patrons et des ouvriers, pour l'élection des Prud'hommvs, dans quelle mesure et d'après quelles bases ce fractionnement devrait-il être opéré ?

Dans notre immense rayon industriel, les élections des Prud'hommes, qui ont été faites sous l'empire de la loi et des règlements d'administration publique en vigueur, n'ont donné lieu à aucune agitation, ni à aucune réclamation. Nous ne pensons donc pas qu'il y ait lieu de changer le mode actuel de ces élections.

NEUVIÈME QUESTION.

Y a-t-il lieu d'abaisser l'âge requis pour être admis à élire les Prud'hommes ?

La loi accordant aux jeunes gens la faculté de prendre part aux élections politiques, dès l'âge de vingt-un ans, nous ne voyons aucun inconvénient à ce que les patrons et les ouvriers du même âge soient également admis à concourir à la nomination de ceux qui doivent juger leurs différends.

DIXIÈME QUESTION.

Ajouter toutes autres obvervations que l'on croirait utile de présenter.

Dans un mémoire sur lequel un des membres de la Commission a appelé notre attention, l'un des Conseils des Prud'nommes de la circonscription de la Chambre, celui de Lille, a exprimé le vœu suivant :

« Il serait utile de porter de quatre à six, le nombre des Membres » de la seconde catégorie du Conseil des Prud'hommes de Lille. »

Nous proposons à la Chambre d'appuyer cette demande.

En effet, l'élection des Prud'hommes se fait en deux catégories. Le grand nombre de professions dont la deuxième catégorie se trouve composée, occupant à Lille, une quantité considérable d'ouvriers, notamment pour la construction du bâtiment, il en résulte un nombre de causes proportionnel.

Il serait donc utile de faire élire, pour la deuxième catégorie, dans la circonscription de Lille, six juges (trois patrons et trois ouvriers) au lieu de quatre.

Une autre réclamation est parvenue à la Chambre. Elle est produite par l'un de nos Membres correspondants, au nom d'une grande localité, qui se trouve également dans notre circonscription.

« On se plaint, dit notre honorable correspondant, de ce que d'après la loi actuelle, les directeurs de sociétés civiles, ne figurant pas dans la liste des négociants patentés, ne peuvent être cités devant les Conseils des Prud'hommes, et sont conséquemment justiciables d'une juridiction étrangère à l'industrie. »

Évidemment, cette situation constitue une lacune qui ne manquera pas d'être comblée, si l'on vient à modifier la loi, dans un avenir plus ou moins rapproché.

Nous proposons donc à la Chambre d'appuyer également la réclamation dont il s'agit, dans le sens de l'extension de la loi à toutes les industries.

Questions relatives aux livrets d'ouvriers.

PREMIÈRE & DEUXIÈME QUESTION.

La loi du 22 juin 1854, sur les livrets d'ouvriers, est-elle généralement appliquée dans votre circonscription?

Produit-elle de bons résultats ?

Donne-t-elle lieu à des réclamations sérieuses et motivées, soit de la part des patrons, soit de la part des ouvriers? Les préciser, et indiquer autant que possible, les espèces et les faits certains sur lesquels ces réclamations reposent ?

Si la loi est tombée en désuétude ou est inexécutée dans quelques parties de votre circonscription, faire connaître :

Les industries qui s'y sont particulièrement soustraites ;

Celles qui y sont restées soumises ;

Les motifs qui, soit de la part des patrons, soit de la part des ouvriers, ont amené l'un ou l'autre de ces résultats ?

La loi du 22 juin 1854, sur les livrets d'ouvriers et le décret du 30 avril 1855, relatif à cette loi, sont sérieusement appliqués dans tous nos établissements industriels grands et petits.

Au contraire, les maîtres et les ouvriers occupés à la construction du bâtiment, tels que maçons, charpentiers, menuisiers, serruriers, peintres et autres, sont parvenus, presque tous, à s'en affranchir depuis quelques années.

Cet état de choses est dû à une circonstance exceptionnelle.

L'agrandissement de Lille ayant occasionné une pénurie d'ouvriers du bâtiment, on a vu successivement tomber en désuétude l'article 1er de la loi de 1854, qui oblige l'ouvrier à se munir d'un livret, l'article 3 qui défend au patron d'employer un ouvrier s'il n'est porteur d'un livret en règle, et l'article 11 qui punit les contrevenants d'une amende ou même de la prison.

Aujourd'hui l'usage du livret paraît être abandonné, dans presque tous les chantiers.

De nombreux intérêts ont eu à souffrir de cet abandon.

Il est fort heureux qu'il n'en soit pas ainsi pour les établissements industriels et manufacturiers, dont le personnel est infiniment plus nombreux que celui des chantiers.

Depuis un temps immémorial l'ouvrier des manufactures du Nord est habitué à présenter son livret au bureau de la fabrique, dans laquelle il veut entrer.

Il sait que cette présentation est la première condition de son admission.

Avant d'en connaître le contenu, le patron ou l'employé qui reçoit le livret en main, voit, presque toujours, dans la physionomie de l'ouvrier, ce qu'il doit penser de lui.

Pourtant, on sait d'avance que, suivant les prescriptions de l'article 8 de la loi de 1854, personne n'a dû se permettre de faire sur le livret aucune annotation favorable ou défavorable.

Mais ce petit livre ne fait pas moins connaître toute la vie de l'ouvrier C'est en quelque sorte un tableau de ses états de service.

Si le livret indique que l'ouvrier a été longtemps occupé par des patrons jouissant d'une bonne réputation, et si le même livret n'a jamais été chargé pour aucune dette, la physionomie de l'homme qui se présente est tranquille et plcine de satisfaction. On y distingue même une sorte de fierté.

Il sait qu'il sera volontiers admis dans toutes les fabriques et que la première place vacante sera pour lui.

Telle est la première récompense de sa vie honorable.

Aussi les ouvriers des manufactures du Nord attachent-ils autant d'importance à la possession de ce qu'ils appellent un bon livret, que les militaires en attachent, de leur côté, à un congé rappelant de bons états de service.

L'institution du livret est donc à beaucoup de points de vue une excellente chose.

TROISIÈME ET QUATRIÈME QUESTION.

Conviendrait-il, dans les faits connus, d'apporter des modifications à la loi de 1854 ?

Au cas d'affimrative, quelles pourraient-être ces modifications ?

Ajouter toutes autres observations qu'on croirait utile de présenter.

L'article 6 de la loi de 1854 dit que le livret doit rester entre les mains de l'ouvrer.

C'est le contraire qui a lieu dans le Nord.

Suivant un usage immémorial, le livret reste au bureau de la fabrique, c'est-à-dire entre les mains du patron. Selon nous la loi a tort et l'usage a raison.

En effet, bien que les intérêts du patron et ceux de l'ouvrier soient de nature différente, il est tout aussi avantageux pour l'un que pour l'autre que le livret reste entre les mains du patron.

Nous allons citer divers exemples à l'appui de cette opinion :

I. Il arrive fréquemment que l'ouvrier s'adresse à son patron, pour obtenir une petite avance, destinée à payer un terme de loyer, ou au soulagement d'un malade, appartenant à la famille.

Si le livret est entre les mains du patron, celui-ci n'a pas besoin de le charger pour s'assurer le remboursement de l'argent qu'il prête. Il n'userait de cette faculté, qui lui est donnée par l'article 4 de la loi du 14 mai 1851, que dans le cas où l'ouvrier viendrait à sortir de l'établissement, avant de s'être libéré de l'avance à lui faite.

II. L'ouvrier laissé en possession de son livret le perd fréquemment. Pour s'en faire délivrer un nouveau il doit passer beaucoup de temps à faire des démarches. Dans tous les cas la perte reste d'autant plus regrettable, que l'ancien livret peut seul faire connaître les établissements où il a fait son apprentissage et ceux où il s'est perfectionné dans son genre de travail.

III. L'ouvrier tranquille, ayant prévenu au bureau de la fabrique sa semaine ou sa quinzaine de sortie, sait parfaitement bien que son livret lui sera remis le jour de son départ de l'atelier, en même temps que le solde de ses salaires. Aussi cette question ne l'inquiète-t-elle aucunement.

IV. Parfois, le lendemain d'un jour de fête populaire, certains ouvriers demandent leur livret et les salaires gagnés, mais non échus, puisque le jour de la paie n'est pas arrivé. Cette demande, souvent faite le lundi ou le mardi après un quart de jour passé dans un estaminet, a presque toujours pour conséquence de mettre en péril les moyens d'existence de la famille.

Si le livret et le solde des salaires sont remis par le patron, l'absence continue quelquefois pendant le reste de la semaine. Dans le cas contraire, l'ouvrier revient à son travail le mardi, ou au plus tard le mercredi. Alors, il ne parle plus de la demande qu'il avait faite. Il est au contraire, satisfait de n'avoir pu rien obtenir, pendant le moment où il s'était laissé entraîner.

V. En dehors des causes accidentelles dont nous ne venons de parler, l'ouvrier use de la juridiction des Prud'hommes, lorsque, suivant sa pensée, le patron ou ses employés ne lui rendent pas justice, soit pour le paiement des salaires, soit pour la remise du livret.

Dans les exemples que nous venons de citer, nous nous sommes placés plus particulièrement au point de vue de l'intérêt de l'ouvrier. Il est de toute équité d'examiner également ce qui concerne le patron.

L'occupeur d'une manufacture ou d'un atelier quelconque a un domicile fixe, bien connu. S'il ne remplit pas ses engagements envers l'ouvrier, celui-ci, peut facilement lui faire parvenir une citation à comparaître devant le Conseil des Prud'hommes.

Le domicile de l'ouvrier, habitant une ville, est au contraire rarement connu. Le changement de quartier ou même de pays est pour lui assez fréquent, parce que ce changement lui est généralement très-facile. S'il a déserté la fabrique, sans remplir ses engagements, et si, par une juste réciprocité, le patron veut l'appeler devant les Prud'hommes, personne ne sait, la plupart du temps, où on pourra le trouver, pour lui remettre une citation.

Cependant le temps presse parfois.

L'ouvrier disparu peut, par son absence, occasionner dans la fabrique *le chômage de beaucoup d'autres ouvriers*, qui le précèdent ou le suivent, dans le travail général. L'arrêt de la machine ou du métier, pour le fonctionnement duquel il avait été engagé, peut aussi occasionner l'arrêt de beaucoup d'autres machines.

Il importe donc qu'il revienne au plus tôt, et surtout qu'il n'aille pas travailler dans une autre fabrique, avant d'être remplacé.

Or, voici ce qui se produit habituellement dans cette situation :

L'ouvrier qui n'est pas porteur de son livret, ne peut se faire admettre dans aucun établissement.

Le contraire est une exception.

Le dépôt du livret entre les mains du patron, conformément à l'usage suivi dans le Nord, constitue le seul moyen efficace de forcer à rentrer dans le devoir l'ouvrier qui n'a pas rempli ses engagements.

Toutefois, l'on peut sans inconvénient accorder aux ouvriers et aux patrons, la faculté de faire le dépôt du livret au Secrétariat du Conseil des Prud'hommes de la circonscription dans laquelle se trouve la fabrique ou l'atelier, après y avoir mentionné le nouvel engagement.

Dans cette mention, le nouveau patron ou son représentant doit seulement indiquer la date de l'entrée de l'ouvrier dans l'établissement et y apposer sa signature.

Ce mode serait continué dans l'avenir.

Un certificat constatant le dépôt serait ensuite délivré au déposant par le Secrétaire des Prud'hommes, ou par tout autre personne désignée par le Conseil.

Le dépôt effectué et le certificat délivré, aucune des parties intéressées ne pourrait plus rentrer en possession du livret, sans le consentement de l'autre.

On ne doit pas en effet perdre de vue que l'engagement, entre le patron et l'ouvrier, est synallagmatique, et que le livret est le seul titre qui puisse prouver les droits et les devoirs de chacun d'eux.

La loi actuelle n'est pas équitable, en ce sens qu'elle dispose du livret *en faveur d'un seul* des deux intéressés.

Le dépôt du livret au Secrétariat des Prud'hommes mettrait fin aux récriminations qui pourraient se produire de part et d'autre.

La législation actuellement en vigueur serait maintenue à l'égard de l'ouvrier travaillant pour plusieurs patrons. Cet ouvrier, exerçant, presque toujours, sa profession dans sa propre demeure, il est rare que son domicile ne soit pas parfaitement connu de tous les intéressés.

L'ouvrier, occupé pour plusieurs patrons, a d'ailleurs besoin de conserver son livret en sa possession, pour le présenter successivement à ses divers patrons, lorsqu'un fait ou une convention doit y être mentionné.

Après discussion des rapports ci-dessus la Chambre décide qu'il seront adressés à Monsieur le Ministre en réponse à ses questionnaires.

Délibéré en séance, le 9 octobre 1868.

INDUSTRIE DES TULLES DE COTON.

— 8 Mars 1869 —

RENSEIGNEMENTS ADRESSÉS A M. LE MINISTRE DU COMMERCE.

La France produit tous les divers genres de tulles de coton ; Lille, Douai et le Cambrésis tissent *les unis* ; Calais tisse *la nouveauté*, c'est-à-dire les tulles qui portent des dessins.

Antérieurement au traité contracté avec l'Angleterre, la France n'importait pas de tulles de coton, ce qui ne l'empêchait aucunement d'en exporter, chaque année, pour plusieurs millions de francs.

Les chiffres ci-après, émanant de l'administration des douanes, feront connaître combien le traité anglais a été désastreux pour la tullerie française, prise dans son ensemble.

Pendant la durée des huit années qui avaient précédé la mise à exécution dudit traité, le montant de nos exportations s'était élevé à . . . . fr. 27,000,000

Pendant la durée des huit autres années qui se sont écoulées depuis cette mise à exécution, les exportations de la France ont atteint le chiffre de.   fr. 29,000,000

Mais elle a importé, *suivant la valeur déclarée*, pour. 11,500,000

Reste   . . 17,500,000   17,500,000

Soit, au point de vue de l'écoulement du produit français, une différence en faveur de la période des huit années antérieures à 1861 . . . . fr. 9,500,000

En d'autres termes, l'industrie des tulles, prise dans son ensemble et comprenant les nouveautés de Calais et les tulles unis de Lille, de Douai et du Cambrésis, s'est amoindrie, en France, depuis la mise à exécution des traités de commerce, d'une somme de marchandises équivalente à . . . . fr.   9,500,000

De plus, comme les droits résultant des traités sont établis *ad valorem*, pour les importations, et que ce mode de perception donne lieu, pour les tulles, à des fraudes incessantes, qui, disent les fabricants, dépassent en moyenne 33 % de *la valeur réelle*, soit 50 % de la somme de 11,500,000 francs *valeur déclarée* au moment de l'importation, ou. . fr.   5,500,000

on trouve que la tullerie française s'est amoindrie, depuis l'application des traités, d'un chiffre de production montant à. . . . . . , ... fr. 15,000,000

En réalité cette somme de 15 millions est énorme, eu égard à l'importance de l'industrie des tulles, d'autant plus que les importations sont venues compromettre, presque totalement, la production des tulles *unis* du Cambrésis, de Lille et de Douai, sans compensation pour les tulles nouveautés de Calais.

Voici, suivant le rapport d'une commission nommée en 1867 par la Chambre de Commerce de Lille, quelle était dans le département du Nord l'importance matérielle de la tullerie en 1860 et 1867.

Antérieurement à 1860, le nombre des métiers qui fonctionnaient régulièrement pendant le jour et la nuit (c'est-à-dire pendant vingt-quatre heures par jour), se décomposait comme suit :

Lille	282	
Caudry	343	
Inchy.	107	817 métiers.
Beauvois et autres communes	50	
Douai	35	

En novembre 1867, le nombre des métiers encore en activité, mais *ne fonctionnant plus que pendant quelques heures de la journée*, se trouvait réduit ainsi qu'il suit :

<pre>
Lille . . . .   61 \
Caudry . . . .   147 |
Inchy.   8   > 238 métiers.
Beauvois et autres communes 10 |
Douai . . . .   12 /
</pre>

Tous les autres métiers avaient été brisés ou mis en chômage complet, à partir de 1861.

Quant à la production, dans les localités ci-dessus, on estimait, en 1867, qu'elle avait, par suite des importations anglaises, diminué de 88 %, comparativement au chiffre de 1860.

En 1869, les quelques fabricants de tulles unis qui restent encore, affirment que la diminution atteint maintenant 90 % et qu'ils devront eux-mêmes arrêter totalement, si l'on n'augmente pas, dans un bref délai, les droits d'importation actuellement applicables aux produits similaires venant de l'étranger.

Ils ajoutent que la plus grande partie du personnel des patrons appartenant à cette industrie, se composait d'anciens ouvriers pères de famille qui, à force d'économies, de privations et de travail, étaient arrivés à acquérir un matériel d'une valeur variant de 10 à 50 mille francs, et constituant toute la fortune de la famille. La ruine, disent-ils encore, est un fait accompli pour les uns ; elle est imminente pour les autres, et tout cela résulte des traités de commerce.

Le nombre des fabriques de tulles unis qui existaient particulièrement à Lille en 1860, s'élevait à 30. Elles étaient la propriété de 22 patrons français et 8 patrons anglais. Les quelques fabricants, qui résistent le plus longtemps à l'invasion des produits venant de l'Angleterre, sont tous des Français.

En résumé, le bon goût parisien, dans lequel les fabricants de Calais vont puiser leurs inspirations pour les dessins, constituera toujours une protection suffisante pour l'industrie des *tulles nouveautés*.

Les *tulles unis* font, au contraire, partie des articles ordinaires que l'Angleterre peut produire à meilleur marché que la France. Ils doivent donc être protégés par un droit de 30 p. % au moins. Les fausses déclarations, si difficiles à éviter pour les tulles, réduiront encore de moitié l'importance du droit, qui, en définitive, ne sera perçu que sur le pied de 15 p. %, taux de la protection actuelle. Tel est, selon nous, le moyen à employer pour que l'on voie, dans l'avenir, non pas *cesser*, mais seulement *diminuer* les importations de tulles unis.

RÉGIME ÉCONOMIQUE. — ENQUÊTE ADMINISTRATIVE.

— 11 Octobre 1869 —

SÉANCE EXTRAORDINAIRE DE LA CHAMBRE DE COMMERCE DE LILLE,
SOUS LA PRÉSIDENCE DE M. OZENNE, CONSEILLER D'ÉTAT,
SECRÉTAIRE-GÉNÉRAL DU MINISTÈRE DE
L'AGRICULTURE ET DU COMMERCE.

———

Présidence de M. OZENNE, Conseiller d'État.

———

Présents : MM. KUHLMANN, Président ; Ch. VERLEY, Vice-Président ; Alexandre VANDERHAGHEN, Adrien BONTE, Victor SAINT-LÉGER, DESCAT-LELEUX, SCRIVE-BIGO, Henri LOYER, Prosper DERODE, Auguste LONGHAYE, Henri BERNARD, Alfred DESCAMPS, Jules DECROIX, Membres de la Chambre de Commerce ; Antoine BÉGHIN, Membre correspondant ; A.-L. BLONDEAU, Secrétaire de la Chambre.

M. DAUSSE, Secrétaire-Général de la Préfecture du Nord assiste à la séance, accompagné de M. VINCENT, Chef de bureau à la Préfecture.

La Chambre de commerce a été réunie extraordinairement pour recevoir M. Ozenne, Conseiller d'État, délégué par S. Exc. M. le

Ministre de l'Agriculture et du Commerce à l'effet de s'enquérir, au nom du Gouvernement, de la situation des principales industries de la circonscription de la Chambre.

M. le Conseiller d'Etat occupe le fauteuil de la Présidence et a à ses côtés M. Kuhlmann, Président de la Chambre, et M. Ch. Verley, Vice-Président

M. le Conseiller d'État fait connaître à la Chambre l'objet de sa mission, qui est de renseigner le Gouvernement sur la situation vraie des industries textiles et spécialement sur les modifications qui pourraient être apportées aux tarifs douaniers actuellement en vigueur.

Avant d'engager la discussion, M. le Conseiller d'État pose en principe que, dans l'opinion du Gouvernement, il ne saurait être question d'abandonner le régime économique dans lequel on est entré ; régime qui, considéré d'une manière générale, a produit des avantages incontestables et dont le maintien dans l'ordre politique, est nécessaire à la conservation des relations internationales.

M. le Président Kuhlmann propose, et l'assemblée décide, que la discussion s'établira dans l'ordre suivant :

La filature du coton et ses dépendances.

Les admissions temporaires.

La filature et le tissage du lin.

La parole est donnée à M. Henri Loyer, l'un des Membres de la Chambre, dans l'intérêt de la filature du coton.

Ce membre donne lecture du rapport suivant :

SITUATION DE L'INDUSTRIE COTONNIÈRE EN 1869.

Les faits qui se sont accomplis, depuis seize ans, ont une grande importance, au point de vue du développement du travail national et surtout de sa conservation.

Suivant nous, le temps des théories doit être passé et le moment est venu de profiter de l'expérience acquise, pendant la période des seize dernières années, pour fixer désormais notre législation douanière, qui doit conduire le pays à sa *prospérité* ou à sa *décadence*.

Nous présentons ci-dessous un tableau destiné à établir un parallèle entre la situation de l'industrie cotonnière en 1869 et celle que nous avons indiquée dans l'enquête de 1853. On verra que nos appréhensions se sont réalisées et qu'il est temps que l'on prenne des mesures, si l'on veut conserver à la France les filatures et les tissages qui subsistent encore.

Extrait de notre déposition, dans l'enquête sur les cotons filés, au ministère du commerce en 1853.	SITUATION EN 1869.
Concurrence anglaise.	**Concurrence anglaise.**
Chaque fois qu'une crise commerciale se produit en	Voici ce que l'on nous écrit des différents centres où nous continuons à prendre nos renseignements, et où nos produits de filature trouvaient leurs débouchés, dans l'industrie du

Angleterre, les filateurs de ce pays versent leur trop plein sur le marché français, pour soutenir leurs prix sur la place de Manchester.

L'avilissement des prix des produits anglais, sur le marché français, en temps de crise, a déjà occasionné la ruine de plusieurs de nos filatures.

Cependant le *quantum* suffisamment élevé du droit d'entrée, établi en 1836, pour les cotons retors, N°s 143 mille mètres et au-dessus, a été une planche de salut pour la filature française des cotons fins.

L'abaissement des tarifs douaniers pourrait mettre notre industrie à la merci des Anglais.

tissage, avant 1860, c'est-à-dire antérieurement à l'abaissement des droits d'entrée sur les filés et à l'admission des tissus étrangers.

TARARE.

Les Anglais sont parvenus à vendre, en temps ordinaire, 80 °/₀ de la quantité de cotons filés que produisait précédemment la filature de Lille pour les tissages de Tarare. Ils vendent en ce moment leurs filés sur cette place à des prix tellement réduits, dans le but de maintenir leurs cours en Angleterre, que certains fabricants de Tarare n'hésitent pas à profiter de ces bas prix, pour faire des provisions d'un an. C'est de cette façon que la filature française perd des ventes pour toute une année.

En ce qui concerne particulièrement les N^os fins 143 *mille mètres et au-dessus*, les filateurs les plus avancés de l'Alsace et du Nord ont dû céder entièrement la place aux Anglais, depuis que le droit d'entrée a été diminué des deux tiers environ.

Antérieurement à 1860, le droit établi sur les cotons simples N°s 143 mille mètres et au-dessus était 7 francs par kilogramme, plus 2 décimes, soit 8 40

A partir de l'application du traité de 1860, le droit applicable aux mêmes numéros a été réduit à 2 fr. 50 et 3 fr., soit en moyenne 2 75

Diminution. 5 65

Cette diminution excessive a-t-elle servi, selon le programme des théoriciens de 1860, à stimuler la filature des cotons fins ? Non ; la vérité est qu'elle l'a tuée !... Nous ne connaissons plus en effet, en France, *une seule filature* produisant les N°s 143 mille mètres et au-dessus, en fils simples. pour l'emploi de Tarare (1).

Les Américains ayant eu, antérieurement à 1860, des exemples du genre de celui que nous venons d'indiquer, ont pris, à la même époque, le sage parti de *stimuler* leur industrie, *non par une diminution*, mais au contraire par une large *augmentation* de droits établissant une protection réelle. Grâce à ce changement de système, en sens inverse de celui adopté pour la France, le nombre et l'importance des filatures de coton deviennent de plus en plus considérables en Amérique.

Jusqu'à présent la France n'a perdu que ses broches faisant les N°s 143 mille mètres et au-dessus, en fils de coton simples, et une partie de celles qui s'occupent des cotons retors moyens et fins ; mais bientôt un nouveau danger, pour la filature française en général, viendra hâter l'œuvre de destruction commencée par le traité anglais.

Une lutte se prépare entre la filature américaine et la filature anglaise. Les Américains veulent battre les Anglais par leurs propres armes, c'est-à-dire *se servir du système protecteur, jusqu'au jour où ils seront assez forts* pour ouvrir leurs portes à deux battants, en portant un défi aux plus puissants industriels du monde entier. La filature française, victime de la mesure de 1860, n'étant pas protégée d'une manière efficace, sera nécessairement écrasée dans l'une des convulsions de sa puissante voisine, si les droits actuels (déjà insuffisants) sur les fils et tissus, ne sont pas augmentés.

---

(1) Avant 1860, parmi les filateurs qui s'occupaient de ce genre de filés, tant en Alsace que dans le Nord, figuraient notamment MM. Schlumberger, Bourcart, Herzog, Gasc, Cox, Delebart, Loyer, etc.

SAINT-QUENTIN.

Les fabricants de tissus de Saint-Quentin n'avaient jamais employé de cotons filés étrangers, avant le traité anglais. Maintenant, ils en consomment une quantité de plus en plus considérable, provenant tant de l'Angleterre que de la Suisse. La Grande-Bretagne produit à meilleur marché que la France, à cause des différences de conditions du travail manufacturier dans les deux pays. De son côté, la Suisse, possédant de magnifiques chûtes d'eau, même pendant les plus grandes chaleurs de l'été, n'est pas forcée, comme nous le sommes, de faire de grandes dépenses de combustible. Les ouvriers suisses sont aussi généralement moins payés que les ouvriers français.

Quoiqu'il en soit, l'industrie du tissage, naguères encore si prospère dans le grand centre industriel de Saint-Quentin, s'amoindrit, malgré les importatious de cotons filés étrangers.

Quant aux filatures de coton situées dans le groupe industriel de St-Quentin, elles sont comme celles du Nord forcées de se mettre en chômage total ou partiel.

Neuf bonnes filatures marchaient très-activement en 1859.

En 1869, il n'en reste plus que quatre qui se traînent péniblement; les cinq autres ont dû liquider volontairement ou judiciairement, par suite de faillite. Sur les quatre qui existent encore deux ont été mises en actions.

Dans l'enquête de 1860, nous avons particulièrement appelé l'attention de MM. les Commissaires sur l'un des faits parvenus à notre connaissance.

Une maison anglaise, avons-nous dit, a fondé deux établissements semblables pour filature et tissage, l'un à Tiverton (Angleterre) et l'autre à Saint-Quentin (France). Chacun d'eux a coûté plusieurs millions de francs. L'usine de Tiverton a produit des bénéfices considérables, celle de Saint-Quentin n'a, jusqu'à présent, donné que de tristes résultats.

Nous sommes heureux d'apprendre, ajoutions-nous, que notre Gouvernement vient d'envoyer l'un de MM. les Commissaires visiter l'établissement de Saint-Quentin. Nous avons donc l'espoir que, de cette façon, l'on pourra se rendre parfaitement compte des différences de conditions du travail manufacturier, dans les deux pays. Nous avons conséquemment aussi l'espoir que le droit protecteur, qui sera établi, après l'enquête en cours d'exécution, atteindra un chiffre suffisant pour compenser les différences de conditions dont il s'agit.

Neuf années se sont écoulées depuis le traité, et nous avons le regret de devoir constater que M. Hallam (le neveu de John Heathcoat) a liquidé l'établissement de Saint-Quentin, *aussitôt après l'enquête de* 1860. Filature et tissage ont cessé simultanément d'exister depuis cette époque. Quelques machines ont été placées à vil prix et le reste de l'outillage a été vendu comme vieux fer.

Quant à l'établissement fondé en Angleterre, il est toujours en pleine prospérité.

Pourtant, dans ces deux usines pareilles, mais séparées par le détroit de la Manche, tout était également anglais : propriétaire, directeur, contre-maîtres, mécaniciens, matériel, etc. Il n'est donc pas exact de dire que les Anglais sont toujours plus habiles, alors même qu'ils se trouvent placés dans le même milieu industriel que les Français.

LILLE, LE CAMBRÉSIS, CALAIS.

A Calais, la fabrication des tulles *nouveautés* a progressé, depuis 1860, dans les mêmes proportions que pendant la période qui a précédé le traité anglais. Cette progression n'est donc pas due au traité de commerce.

Dans le Cambrésis, à Lille, à Douai, etc., la fabrication des tulles *unis*, qui consommait autrefois beaucoup plus de coton filés français que celle des tulles *nouveautés* de Calais, a diminué de plus de 90 %. C'est-à-dire que les fabricants de tulles *unis* ne mettent plus en œuvre que le dixième de la quantité de coton filé qu'ils consommaient avant 1860.

Dans une statistique publiée le 21 janvier 1869, nous lisons ce qui suit : « En ce moment, *les filateurs anglais ne peuvent suffire* aux demandes des fabricants de tulles unis d'Angleterre, tandis que les fabricants de tulles unis *français*, qui ont dû mettre en chômage les neuf-dixièmes de leurs métiers, ne peuvent presque plus rien acheter aux filateurs français, dont les produits restent en magasin. »

Comme on le voit, le programme des théoriciens de 1860 est loin encore d'être rempli de ce côté. Au lieu de stimuler, par la concurrence anglaise, notre filature des numéros fins retors et notre fabrication de tulles unis, ils ont à peu près réussi à priver la France de ces deux industries, pour lesquelles elle ne rencontrait, dans le monde, de rivalité qu'en Angleterre.

ROUBAIX ET TOURCOING.

Un rapport particulier sur la situation de la filature et du tissage dans ces importantes localités, va être adressé par la Chambre de Commerce de Lille à Monsieur le Ministre.

Tout le monde sait, du reste, combien l'industrie est aux abois dans ces deux grands centres industriels, par suite d'importations considérables de tissus anglais, sur la place de Paris, à des cours inférieurs au prix de revient des fabricants de Roubaix.

Comme conséquence de la solidarité du tissage avec la filature, l'emploi du coton filé a diminué sur la place de Roubaix, dans des proportions désespérantes, pour une notable partie des filateurs de Lille.

Nous nous reportons, pour d'autres villes, à une statistique plus complète que nous avons présentée l'année dernière, et nous regrettons de devoir ajouter que la situation s'est encore sensiblement aggravée, surtout depuis six mois.

LE HAVRE.

Le marché du Hâvre qui, avant 1860, avait, indépendamment des cotons courte soie, une importance de 12,000 balles de coton Georgie longue soie, ne s'est pas relevé depuis notre dernière statistique. Il se trouve toujours réduit à quelques centaines de balles de ces cotons de qualité supérieure, et c'est à Liverpool que les filateurs de cotons fins français doivent aller chercher leur matière première.

1853.

PROGRÈS ET BON MARCHÉ.

Pendant les années 1850, 1851 et 1852, l'industrie de la filature prenant part *à la prospérité générale en France*, a réalisé des bénéfices.

Ces bénéfices ont donné l'élan pour la fondation de filatures nouvelles, et ont servi aux anciennes maisons à renouveler, à augmenter, à perfectionner leur matériel ; il est à remarquer que les bénéfices des industriels sont toujours employés par eux dans leur industrie. Le commerçant se retire des affaires quand sa fortune lui paraît suffisante, les industriels, au contraire, con-

1869.

PROGRÈS ET BON MARCHÉ.

En 1849 nous possédions à Lille 27 filatures. En 1860, c'était 43. En 1869, le nombre de filatures se trouvait réduit à 26. Pendant les 11 années qui ont précédé le traité de 1860, notre industrie s'était accrue de 16 établissements nouveaux. Pendant les 9 années qui se sont écoulées depuis le traité anglais, nous avons déjà vu, au contraire, disparaître 17 établissements, y compris ceux qui sont en ce moment en démolition ou en chômage.

. Nous le constatons avec de vifs regrets : ce ne sont plus

servent presque tous leurs manufactures, qui constituent la fortune de la famille. Cette fortune se transmet de père en fils et chaque génération apporte ses perfectionnements. Telle est l'histoire de la plupart des grands établissements industriels de l'Angleterre.

Sous la foi de la législation actuellement en vigueur en France, nous voyons s'élever autour de nous un grand nombre d'établissements nouveaux.

Le progrès et le bon marché sortiront nécessairement de la lutte intérieure.

INTÉRÊT DU CONSOMMATEUR.

La différence qui existe entre le prix des filés et des tissus de cotons *étrangers* et celui des filés et des tissus *fabriqués en France*, n'arrive pas jusqu'à la personne qui achète l'objet confectionné.

Le consommateur contribue donc, sans s'en apercevoir et sans frais pour lui, à soutenir le travail national.

seulement les filateurs ruinés par le traité anglais qui abandonnent l'industrie, d'autres, possédant de grands capitaux, l'abandonnent également, par l'unique raison qu'ils ne voient plus dans le travail manufacturier aucune sécurité, soit pour eux, soit pour leurs enfants.

Ils ne veulent pas évidemment exposer le patrimoine de la famille, dans une lutte où les idées théoriques paraissent avoir la première place en France, depuis 1860.

Nous n'avons parlé que des établissements de filature. Quant aux fabriques de tissus, qui sont arrêtées, elles sont en trop grand nombre dans le Nord pour que nous entreprenions d'en faire le relevé.

INTÉRÊT DU CONSOMMATEUR.

Un grand nombre de filatures et de tissages, ont cessé d'exister en France depuis 1860, mais le consommateur ne paie pas les objets confectionnés meilleur marché qu'en 1853 ou en 1860. Le bon marché n'arrive pas jusqu'à lui.

On oppose souvent aux industriels les chiffres publiés par l'administration des douanes, pour prétendre ensuite que leurs doléances ne sont pas fondées. Cependant ce mode d'argumentation ne saurait être applicable au genre d'industrie dont nous nous occupons.

Le nombre des filateurs et des tisseurs qui abandonnent l'industrie du coton constitue, dans tous les cas, un argument beaucoup plus sérieux que les chiffres de la douane. *La perspective d'une ruine certaine peut seule, en effet, décider à ce désastreux abandon des hommes qui ont passé leur vie dans l'industrie.*

Malheureusement les chiffres viennent aussi appuyer les allégations contenues dans ce rapport.

Comme nous l'avons déjà fait ci-dessus, nous placerons plus loin les chiffres de 1853 en regard de ceux applicables à l'époque actuelle, mais nous ferons remarquer tout d'abord que l'administration des douanes est dans l'impossibilité de faire ressortir particulièrement chacun des tissus composant la généralité des articles intéressant l'industrie cotonnière. Quoi qu'il en soit, les tableaux qu'elle publie expliquent et justifient suffisamment combien sont fondées les doléances des manufacturiers appartenant à cette grande industrie.

Nous devons également faire observer que les fausses déclarations en douane sont très-nombreuses, notamment pour les tissus taxés *ad valorem* et pour le numéro réel des cotons filés. Sur certains tissus, et particulièrement sur ceux dont le prix est le plus élevé, on a dû parfois constater une différence de plus de moitié entre la valeur déclarée et la valeur réelle.

De tout cela il résulte que le chiffre réel des importations est bien supérieur au montant indiqué par l'Administration des Douanes.

Tout le monde reconnaît qu'il y a quelque chose à faire, pour empêcher les fausses déclarations, et cependant on ne fait rien. On multiplie au contraire sans cesse le nombre des bureaux ouverts aux importations, comme si tous les agents des douanes pouvaient être des hommes universels, connaissant la valeur de toutes choses (1).

Le jour où l'on voudra sérieusement empêcher les fausses déclarations, on commencera par créer *des bureaux spéciaux* où l'on placera *des hommes spéciaux*, qui, après avoir discuté sciemment avec les intéressés la valeur de chaque objet, appliqueront, s'il y a lieu, de fortes amendes.

Quant à présent nous sommes forcés de constater que les chiffres portés sur les tableaux d'importation ne présentent qu'une partie de la vérité.

Laissons au surplus parler les chiffres officiels, tels qu'ils sont ;

		EXPORTATION.	IMPORTATION.	BALANCE à la décharge du marché français
1853	Tissus de coton	71,919,000	1,105,000	
	Filés de coton .	886,000	1,412,000	
		72,805,000	2,517,000	·70,288,000
1868	Tissus de coton.	55,700,000	19,886,000	
	Filés de coton .	1,381,000	10,345,000	
		57,081,000	30,231,000	26,850,000
	Soit en faveur de 1853. Fr.			43,438,000

(1) Bureaux ouverts à l'importation des objets taxés à la valeur et des cotons filés :

1 Dunkerque.	10 Bayonne.	19 Paris.
2 Calais.	11 Cette.	20 Lille.
3 Boulogne.	12 Marseille.	21 Valenciennes.
4 Dieppe.	13 Toulon.	22 Metz
5 Le Havre	14 Nice.	23 Strasbourg.
6 Rouen.	15 Alger.	24 Mulhouse.
7 Trouville.	16 Oran.	25 Chambéry.
8 Nantes.	17 Bône.	26 Lyon.
9 Bordeaux.	18 Philippeville	

Nous nous bornons à faire figurer ci-dessus les chiffres applicables seulement à deux branches de l'industrie cotonnière, parce que, dans notre opinion, ils ont le double mérite de suffire à notre démonstration et de ne pouvoir être amoindris par aucune discussion.

Au reste, tout homme de bonne foi, et quelque peu compétent, reconnaîtra qu'une somme de 43 *millions* de francs suffit largement pour rompre l'équilibre nécessaire entre la production et la consommation. Cet état de choses existant pour plusieurs industries, il est fort à craindre que l'on attende bien longtemps encore la reprise si souvent annoncée.

Selon nous, l'encombrement résultant d'importations trop lourdes pour notre marché, rendra cette reprise impossible. La crise, occasionnée par le trop plein, deviendra de plus en plus inquiétante pour nos populations ouvrières, qui verront diminuer leur travail, malgré les immenses capitaux dépensés ou perdus, depuis 1860, par les industriels.

Nous joignons à ce rapport (1) deux tableaux synoptiques, comprenant les seize dernières années et concernant uniquement, comme ci-dessus, les articles qui entrent sous la dénomination de *fils de coton et tissus de coton*.

Ces deux tableaux indiquent, entre autres choses, que la balance en faveur des exportations s'est élevée, pendant les huit années qui ont précédé le traité anglais, à . . . . fr. 542,000,000
tandis que, pendant les huit années qui ont suivi
sa mise à exécution, cette balance n'a pas dépassé   415,000,000

Différence en faveur de la première période par-

tant de 1853 . . . . fr. 127,000,000

---

(1) Voir les tableaux pages 246 et 247.

Report. . . . . fr. 127,000,000

Cette différence doit être augmentée de 141 millions si, comme les tableaux synoptiques en donnent l'idée, on fait la part de la hausse qui s'est produite sur le prix des cotons en laine, pendant la durée de la guerre en Amérique. . . . . ci (1) 141,000,000

Ensemble . . ⅄ Fr. 268,000,000

On arrive de cette façon à trouver que *l'importance du trop plein qui paralyse* nos filatures et nos tissages de coton devait, à la fin de 1868, peser, sur le marché français, pour une valeur de 268 millions de plus qu'à la fin de 1860.

Que ce chiffre de 268 millions soit admis ou non en totalité, l'on n'est pas moins effrayé, si on le compare à la production annuelle de la France, qui, pour l'industrie cotonnière ne dépasse pas 500 millions d'après les statistiques les plus récentes.

Au moyen de notre deuxième tableau, on arrive également à constater que, de 1853 à 1860, la France exportait chaque année, à peu près régulièrement, pour 70 *millions* de filés et de tissus de coton de plus qu'elle n'en importait à la même époque. En 1868, les exportations dépassent les importations de 26 *millions* seulement, et ce dernier chiffre doit encore subir une forte réduction en raison des fausses déclarations en douane au moment des importations.

Toutes les personnes qui sont descendues au fond de la question reconnaissent également combien les *admissions temporaires* sont préjudiciables à l'industrie cotonnière en Alsace et, par contre-coup, dans le Nord et dans la Normandie.

Il nous reste à rappeler quelques souvenirs :

---

(1) La valeur des marchandises ayant augmenté sans qu'il en ait été de même des quantités exportées, nous avons dû ramener cette valeur dans les limites ordinaires.

Le 10 janvier 1860 (treize jours avant la signature du traité anglais), nous avons exprimé, dans la forme suivante, à MM. les Ministres, les désirs et les craintes des filateurs de Lille :

« Nous nous trouvons chaque jour, avons-nous dit, en concur-
» rence avec les Anglais, sur le marché français, pour la vente des
» cotons fins, et nous avons été à même d'apprécier combien cette
» concurrence était redoutable, surtout pendant la durée des crises
» commerciales et financières. Nous vous supplions, Messieurs les
» Ministres, de prendre en considération l'expérience des hommes
» pratiques et de n'abaisser les droits d'entrée sur les marchandises
» étrangères que progressivement.

» Avant tout, nous engageons le Gouvernement à conserver *sa*
» *liberté d'action*. Peut-être lorsque vous nous verrez par terre,
» aurez-vous le désir de nous tendre la main. Si vous prenez main-
» tenant des engagements de trop longue durée avec une puissance
» étrangère, *vous ne pourrez rien faire*, ni pour nous, ni pour nos
» ouvriers... » (1)

L'un de Messieurs les Ministres nous répondit à peu près en ces termes :

« Dès 1824, l'Angleterre entrait dans les voies de liberté com-
» merciale où nous voulons conduire également la France ; un fila-
» teur anglais se présenta devant le Ministre Hutkinson, comme vous
» vous présentez aujourd'hui devant moi, et lui dit : *Vos intentions*
» *sont peut-être excellentes, mais vous allez nous ruiner !* Non, ré-
» pondit Hutkinson, *vous viendrez me remercier avant deux ans !*
» Eh bien ! Messieurs les filateurs français, nous vous faisons la
» même réponse : *Vous aussi viendrez nous remercier dans deux*
» *ans.* »

---

(1) Nous n'avons jamais compris pourquoi l'on n'a pas commencé par appliquer le droit de 30 p. 0/0, ainsi que le traité permettait de le faire, sauf à apporter ultérieurement des modifications plus ou moins importantes.

En 1869, les filateurs de Lille regrettent de devoir, au contraire, faire observer que leur industrie est aux abois, et qu'elle tend à s'éteindre.

En rappelant ici les diverses circonstances qui précèdent, nous avons uniquement en vue de démontrer, une fois de plus, que les conditions du travail manufacturier n'étant pas les mêmes en France qu'en Angleterre, notre Gouvernement fera bien de reprendre et de conserver sa liberté d'action pour l'avenir, dès qu'il pourra obtenir des puissances la révision des tarifs actuels.

En novembre 1867, lorsque les filateurs de Lille ont exprimé le désir de voir dénoncer ou réviser le traité anglais, en temps utile, avant l'expiration des neuf premières années, on leur a fait cette réponse : « *Il est trop tôt.* »

En décembre 1868, ils ont pétitionné dans le même but : *Aucune réponse ne leur a été adressée.*

A la fin de janvier 1869, quand ils ont demandé une audience à l'Empereur, Monsieur le Ministre du Commerce a appelé leurs délégués à Paris, et le 2 février, il leur a répondu : « *Il est trop tard.* »

CONCLUSION DE CE RAPPORT.

Afin d'éviter, dans l'avenir, l'inconvénient d'arriver *trop tôt* ou *trop tard*, les filateurs ne voient rien de mieux à faire que de prier la Chambre de Commerce de Lille de vouloir bien déposer en leur nom, au Ministère du Commerce, pour y rester en permanence, le vœu ci-après :

« Les filateurs de coton de Lille supplient le Gouvernement de
» l'Empereur de faire réviser le traité anglais dans le plus bref délai
» possible afin d'arriver à l'établissement de droits *suffisamment pro-*
» *tecteurs*, pour sauvegarder, en France, les industries de la filature
» et du tissage dont l'existence, déjà compromise, est sérieusement
» menacée par l'excès des importations. »

M. Loyer ajoute verbalement les renseignements ci-après qui forment le complément de son rapport :

Nous produisons deux *tableaux nominatifs* (1) des filateurs de coton dans le groupe industriel de Lille. Ces tableaux s'appliquent aux vingt dernières années.

En voici les principaux chiffres ; nous prions Monsieur le Conseiller d'Etat de vouloir bien les contrôler pendant son séjour dans le Nord.

De 1849 a 1859, dix-sept nouvelles filatures avaient été créées et une seule avait été détruite.

De 1859 à 1869, le contraire s'est produit : vingt filatures ont été mises en chômage total, ou ont été détruites. Trois nouveaux établissements seulement ont été créés.

Le nombre de filatures, de 27 qu'il était en 1849, avait atteint 43 en 1859, pour redescendre à 26 en 1869.

La quantité de broches à filer s'était élevée de 231,000 en 1849, à près de 500,000 à la fin de 1859 ; actuellement, c'est-à-dire en octobre 1869, elle se trouve réduite à 350,000.

Au moyen d'une simple proportion

$$(231,000 : 500,000 : : 500,000 : 1,086,000)$$

on trouve que si, de 1859 à 1869, la filature de Lille avait progressé autant qu'elle l'avait fait de 1849 à 1859, nous posséderions aujourd'hui près de 1,100,000 broches.

En 1869, nous n'avons plus au contraire que 350,000 broches.

---

(1) Voir les tableaux pages 248 et 249, qui ont été dressés quelques jours avant l'arrivée de M. Ozenne, à Lille, dans le but de répondre aux questions qu'il pourrait poser.

LUTTE ENTRE LA FILATURE ET LE TISSAGE.

Griefs de Calais.

On a beaucoup, à différentes époques, exagéré la prospérité des fabriques de Calais, *produisant les tulles nouveautés* en coton. Parfois on a même voulu faire valoir cette prospérité comme une compensation de la misère existant en France dans les autres centres de l'industrie cotonnière.

Nous devons à cet égard présenter diverses observations :

PREMIÈREMENT. — Ainsi que nous l'avons déjà dit l'augmentation régulière de la fabrication des *tulles nouveautés* de Calais n'a. pas, depuis la conclusion du traité anglais, suivi une progression supérieure à ce qu'elle avait été pendant la période égale, antérieurement au traité.

DEUXIÈMEMENT. — Cette fabrication, en ce qui concerne particulièrement les tulles de coton, ne paraît décidément pas devoir prendre beaucoup d'importance, puisque en 1868, elle n'était encore arrivée, *matière première comprise*, qu'à un chiffre d'affaires annuel de 7 à 8 millions de francs. C'est bien peu en comparaison de ce qui se fabrique dans les grands centres manufacturiers de la Normandie, de l'Alsace, de la Flandre, de la Picardie, où l'industrie cotonnière se chiffre par plusieurs centaines de millions de francs.

TROISIÈMEMENT.— Lors des enquêtes qui ont eu lieu à diverses époques, certains fabricants de tulle ont combattu à outrance la filature française.

Dans le but de faire ressortir de grandes différences entre les prix des cotons filés en Angleterre et en France, ils présentaient sur leurs comptes de revient, les prix des basses qualités anglaises à côté des prix applicables aux premières qualités françaises. Afin de rendre l'écart encore plus considérable, ils ne manquaient en outre jamais de choisir de préférence le moment des fluctuations, et de donner les prix français, *après la hausse*, en regard des prix anglais, *avant la hausse*. Dans de telles conditions ils parvenaient parfois à présenter un écart de 10 fr. sur un kilogramme de coton fin ayant une valeur de 25 à 40 fr.

Cette tactique pouvait être fort habile antérieurement à la levée des prohibitions, mais, depuis que les cotons anglais peuvent entrer, en payant un droit d'environ 3 fr. sur un kilogramme de coton valant de 25 à 40 fr., personne n'admet plus que le fabricant de tulle consentirait bénévolement à payer aux filateurs français un écart de 10 fr. en plus, quand il lui est si facile de donner la préférence au produit anglais, qu'il peut se procurer dans la ville qu'il habite, en ne payant qu'un droit de 3 fr. en sus du prix pratiqué en Angleterre.

Une autre tactique des fabricants de tulle de Calais consiste à formuler, dans les enquêtes, la menace de s'expatrier, pour s'établir en Belgique. Il est cependant à remarquer qu'ils se sont bien gardés de le faire, même à l'époque à laquelle la prohibition existait pour les cotons filés, autres que les N°s 143 mille mètres et au-dessus, qui payaient un droit de 9 fr. 60 par kilogramme. Leur menace paraît donc moins sérieuse que jamais, depuis 1860, c'est-à-dire depuis la levée des prohibitions sur tous les gros cotons et la réduction des 2/3 du droit protégeant les N[os] fins.

D'autres fabricants de tulle mieux inspirés se rappellent qu'il leur a été clairement démontré combien la filature française est nécessaire à leur propre existence. Ils savent que si l'industrie des tulles ne s'est pas développée en Belgique, après y avoir été introduite à la même époque qu'en France, c'est que la filature spéciale a dû disparaître de la Belgique, à partir du moment où la protection accordée n'a plus été efficace.

Au reste nous aimons à penser que, le véritable intérêt commun étant mieux compris qu'autrefois, la bonne harmonie si désirable et si nécessaire, entre les fabricants de tulles de Calais et les filateurs du Nord, deviendra aussi complète que celle qui n'a jamais cessé de régner entre les filateurs et les tisseurs installés, les uns près des autres, dans les grands centres de production de Rouen, Mulhouse, Roubaix, Saint-Quentin, etc.

TULLES UNIS.

En ce qui concerne *les tulles unis* (c'est-à-dire sans dessin), qui se fabriquent dans les arrondissements de Lille, Douai, et Cambrai, ceux de nos adversaires qui attribuent à un changement de mode, la destruction presque complète, en France, de cette industrie, sont complétement dans l'erreur. A cet égard l'argument ci-après nous paraît péremptoire : le nombre de métiers, à double largeur, occupés à la fabrication des tulles unis de coton à Nottingham, Barnstaple, Tiverton, Chard, Derby et autres localités anglaises, s'élève à près de 1,200. C'est plus qu'en 1860, en tenant compte de la largeur actuelle des métiers.

M. le Conseiller d'État se trouvant au milieu de nous, nous profitons de sa présence pour mettre sous ses yeux, afin qu'il puisse le contrôler, un tableau comparatif (1) de l'industrie des tulles unis à Lille, avant et après le traité de 1860. Ce tableau est véritablement une sorte de nécrologe des plus tristes.

En effet, l'industrie dont il s'agit était, en 1860, représentée sur notre place par 29 patrons dont 6 anglais. En 1868, il ne restait que 7 patrons, au nombre desquels ne figurait plus un seul anglais. Cette dernière circonstance étant rapprochée des faits que nous avons rappelés, dans notre rapport ci-dessus, relativement aux filateurs et tisseurs de Saint-Quentin, prouve une fois de plus que les Anglais,

---

(1) Voir le tableau, page 250.

étant placés dans les mêmes conditions de production que les Français, ne sont pas les plus habiles.

En ce qui concerne le rayon de Lille particulièrement, le nombre de métiers à tulle qui, en 1860, était de 284, *occupant alors* 1,000 *ouvriers*, était descendu, à la fin de 1868, à 36 métiers, *n'occupant plus que 72 ouvriers*.

Tels ont été les déplorables effets de l'insuffisance du droit qui a permis à l'Angleterre d'introduire le genre de tissu dont il s'agit, dans des proportions que les auteurs du traité doivent regretter de n'avoir pas prévues.

TISSUS DE ROUBAIX.

Cette branche de l'industrie cotonnière a une importance très-considérable. Sa ruine entraînerait à Lille, à Roubaix, à Tourcoing celle d'un grand nombre de filatures, d'ateliers de retorderies, d'ateliers de construction, de teintureries et de beaucoup d'autres établissements, occupant une foule de populations industrielles, dans le nord de la France.

Toutes ces industries se soutiennent entre elles et ne peuvent vivre les unes sans les autres.

Nous avons donc appris avec une grande satisfaction que M. le Conseiller d'État Ozenne doit se rendre demain à Roubaix et à Tourcoing. Personnellement nous avons été surtout heureux d'apprendre, qu'avant son départ de Lille, il recevra à la Préfecture nos principaux filateurs, qui se proposent de lui remettre directement leurs renseignements sur les souffrances de la filature en général, et particulièrement sur celles de nos usines qui produisent les fils de coton destinés au tissage de Roubaix.

CRISE EN ANGLETERRE.

Nos contradicteurs continuent de vouloir nous forcer à reconnaître que nous ne devons pas nous plaindre en France, puisque les indus-

tries anglaises, disent-ils, éprouvent comme les nôtres un ralentissement notable.

Nous leur rappelons une fois de plus que trois ans avant le traité
de 1860, une crise financière et industrielle, commencée aux États-
Unis, produisit également de très-grands désastres en Angleterre, et
que cependant l'industrie française ne fut, au contraire, jamais plus
prospère qu'en 1857.

C'est qu'alors la France était en possession d'un régime douanier,
qui servait tout à la fois à développer le travail national et à le protéger efficacement.

En 1860, l'industrie de la filature ne demandait au Gouvernement
français ni le maintien des prohibitions, ni l'établissement de droits
assez élevés pour empêcher toute concurrence. De leur côté, MM.
les Ministres nous avaient promis de compenser les différences de
conditions de travail, par des droits suffisants, pour établir l'équilibre des charges de l'industrie en France et en Angleterre. Malheureusement nous n'avons pas tardé à reconnaître, lors de l'application
du traité, que les concessions, faites à l'Angleterre, avaient dépassé
les mesures de la prudence.

ÉTATS-UNIS D'AMÉRIQUE.

D'après les derniers renseignements qui nous sont parvenus des
États-Unis, le nombre de broches, dans ce pays, dépasse maintenant
le chiffre de 8 millions. La France n'en possède que 6 millions.
Quant à l'Angleterre sa quantité de broches atteint 34 millions.

Bien que les Américains soient encore de beaucoup inférieurs aux
Anglais sous le rapport de la quantité de broches, ils ne prétendent
pas moins qu'ils vont bientôt se trouver en situation de pouvoir
écouler, sur le marché anglais, une partie de leur production en filés
et tissus de coton. L'Amérique est déjà, comme on le sait, le meilleur pays producteur du coton en laine. Ses constructions d'usines
prennent aussi un grand développement depuis qu'elle est entrée
dans le régime d'une protection efficace.

Lorsque les menaces des Américains se réaliseront, les ventes à vil prix sur le marché français viendront plus que jamais paralyser notre travail.

DE LA QUANTITÉ DE COTON FILÉ ENTRANT EN FRANCE.

Nos contradicteurs continuent de prétendre que les plaintes formulées par les filateurs de coton, sont exagérées, puisque, disent-ils, les états de la douane indiquent qu'il n'entre en France qu'une quantité relativement peu considérable de cotons filés.

Cependant notre réponse à cet égard nous paraît toujours concluante.

Nous ne cesserons de prétendre que notre consommation de filés anglais et français est nécessairement subordonnée à l'importance du matériel en activité dans les tissages français. Or, plus on importera de tissus venant de l'étranger, plus le nombre de métiers à filer et à tisser diminuera en France.

S'il ne nous restait plus en activité un seul métier à tisser, il n'entrerait plus désormais un seul kilogramme de coton filé anglais. Dans ce cas, la colonne destinée, dans les états de la douane, à mentionner l'importation des cotons filés, resterait en blanc; mais cette colonne, *bien que restée en blanc*, ne saurait nullement prouver la prospérité de la filature, puisque cette industrie aurait disparu en même temps que le tissage.

RÉSUMÉ.

Nos tableaux ci-après indiquent une parfaite concordance proportionnelle entre les chiffres officiels de la Douane et la diminution du nombre de nos filatures et de nos tissages.

Le nouveau régime, disaient les théoriciens du libre-échange, devait élargir nos débouchés sur les marchés étrangers. C'est le contraire qui s'est produit pour la grande industrie cotonnière. La vérité est que les étrangers nous vendent beaucoup plus d'articles en coton qu'ils ne le faisaient avant 1860 et qu'ils nous en achètent beaucoup moins.

Telle est bien la cause qui fait chaque jour de nouvelles victimes parmi nous.

En terminant son exposé, M. Loyer, Rapporteur, demande au nom de l'industrie cotonnière :

1° Que le décret du 13 février 1861, relatif aux admissions temporaires, soit rapporté ;

2° Que le nombre des bureaux de douane soit diminué ;

3° Que le traité de 1860 *soit dénoncé* avant le 4 février 1870.

M. le Conseiller d'État croit que l'opinion de M. le Rapporteur est discutable et susceptible de controverse dans certaines de ses appréciations.

Ainsi, il n'admet pas que le traité de commerce avec l'Angleterre soit la seule cause du malaise dont souffre la filature. Il pense que les causes de ce malaise sont multiples. Il cite notamment parmi ces causes la guerre d'Amérique dont les effets subsistent encore, tout au moins pour une partie, et les variations fréquentes des prix de la matière première qui ont introduit dans l'industrie l'élément de la spéculation.

M. le Rapporteur répond que la guerre d'Amérique a été, au contraire, fort avantageuse à la plupart des filateurs du rayon industriel de Lille, en ce sens qu'ils avaient, au moment où cette guerre a éclaté, un plus grand approvisionnement de matière première que leurs concurrents d'Angleterre. Ceux-ci ont dû, en effet, se mettre en chômage beaucoup plus tôt qu'eux.

En ce qui concerne les variations de prix de la matière première, Monsieur le Conseiller d'Etat vient de dire que maintenant, pour que le filateur réussisse dans ses affaires il faut qu'il se fasse spéculateur.

Malheureusement telle est bien la position qui nous est faite par le traité. Mais quels sont les filateurs qui peuvent spéculer? Ce ne sont pas les jeunes gens, ingénieurs ou autres, qui, en entrant dans l'industrie, emploient à l'achat du matériel, non-seulement tout leur capital, mais encore la plus grande partie de la fortune de leur famille. Pourtant tous les jeunes gens ne peuvent trouver place dans les fonctions publiques et dans l'armée. Autrefois les choses se faisaient mieux. L'industrie de la filature consistait avant tout à transformer la matière première en filés. Très-souvent nous avons même vu, en France, des hommes sortis de la classe ouvrière devenir les plus grands industriels du pays. Les portes de l'industrie n'étaient pas alors seulement ouvertes pour les capitalistes et les spéculateurs.

M. le Conseiller d'Etat n'admet pas, avec les conséquences que M. le Rapporteur en a tirées, la comparaison des importations et des exportations aux époques de 1853 et 1868, par ce motif qu'à la première de ces époques les produits cotonniers, à l'exception des fils des Nᵒˢ 143,000 et au-dessus étaient prohibés ; qu'il n'y a donc pas de comparaison possible de cette époque avec l'époque actuelle, puisque l'un des termes de cette comparaison fait défaut d'une manière à peu près complète.

M. le Rapporteur comprend qu'on ne veuille pas admettre la comparaison dont il vient d'être parlé car elle équivaut, dit-il, à la condamnation du traité en ce qui concerne les filés et les tissus de coton. En effet, il résulte de la balance que l'exportation n'ayant pas, depuis l'application du traité de 1860, suivi une progression égale à celle de l'importation, notre marché intérieur s'est trouvé surchargé de produits français et étrangers.

M. le Conseiller d'État dit que tous les centres de production n'ont pas la même manière de voir sur le traité de commerce et qu'ils se plaignent surtout du régime de l'admission temporaire qui n'est pas dans ce traité.

Que d'ailleurs ce traité, en supposant qu'il contienne dans ses tarifs quelques dispositions dommageables peut se modifier sans qu'il soit besoin de dénonciation.

Abordant l'argument que M. le rapporteur a tiré de la diminution du nombre de broches de la filature depuis quelques années, M. le Conseiller s'informe si la production d'une broche est toujours la même et si cette production n'a pas augmenté en même temps que le nombre de broches diminuait.

M. le Rapporteur répond que, pour le genre de filature qui domine dans le rayon industriel de Lille, la production d'une broche n'a pas varié.

Des métiers à filer de 600 à 1,000 broches ont été, ajoute-t-il, substitués dans beaucoup d'établissements aux anciens métiers de 216 à 300 broches. Il en est résulté de très-grandes dépenses d'installation et un peu de diminution dans le prix de revient du filé, mais point d'augmentation dans la quantité produite. Suivant lui, la vérité est que la production ici a diminué depuis 1860, dans la même proportion que le nombre de broches.

Monsieur le Conseiller d'État, en ce qui concerne la disparition d'un certain nombre de filatures de coton conteste que l'on doive l'attribuer exclusivement au traité de commerce, puisque dans le rayon de Saint-Quentin qu'il vient de parcourir, sur 37 filatures qui ont ont été créées depuis 1810, 34 s'étaient liquidées avant le traité de commerce.

M. le rapporteur répond que cette circonstance prouve que la concurrence intérieure suffisait parfaitement avant 1860, pour stimuler l'industrie nationale et sauvegarder les intérêts du consommateur.

Avant 1860, dit-il, les filatures du Nord, de l'Alsace et de la Normandie, en se substituant à celles de Saint-Quentin, avaient gagné plus d'importance que Saint-Quentin n'en avait perdu. Mais actuellement ce sont les étrangers, qui, profitant de l'insuffisance des droits protecteurs, enlèvent à la Normandie, à l'Alsace et au Nord les conquêtes faites sur Saint-Quentin.

M. le Conseiller d'État fait la comparaison des importations et des exportations de tissus sous le régime actuel, et il ne lui semble pas qu'il en résulte, pour l'industrie française en général, une position aussi mauvaise que celle qui est accusée par le rapport.

M. le Conseiller d'État rappelle que la prohibition en faveur de la filature de coton a été un fait de guerre du temps du Directoire et qu'il n'en a pas été de même pour la soie et pour le lin.

M. le Rapporteur croit que la filature de soie n'avait probablement pas besoin de protection. Autrement, dit-il, elle aurait été comprise dans la mesure. Quant à la filature de lin, elle n'existait pas encore à l'époque à laquelle se reporte M. le Conseiller d'État.

En ce qui concerne les industries de la laine et du coton, c'est grâce à l'efficacité du moyen employé qu'elles se sont développées. En 1860, la prohibition avait fait son temps, nous sommes tous d'accord à cet égard, mais on aurait dû la remplacer par des droits suffisamment protecteurs. En définitive, c'est de l'insuffisance des droits établis à l'importation que vient tout le mal.

Puisque M. le Conseiller d'Etat est remontée jusqu'à 1810 pour la filature de Saint-Quentin, nous demandons qu'il nous soit permis de remonter encore plus haut pour celle de Lille.

En 1800, nous possédions 12,000 broches. En 1860, c'était 500,000. En 1869, après quelques années de mise à exécution du nouveau régime, nous sommes déjà redescendus à 350,000 et cependant plusieurs établissements sont encore menacés dans leur existence.

M. le Conseiller d'Etat présente un relevé des douanes indiquant le peu d'importance des importations de cotons filés en France.

M. le Rapporteur fait de nouveau observer *qu'il en entrera moins encore* lorsque le nombre de métiers à tisser, actuellement en mouvement, aura subi une nouvelle diminution *par suite de l'importation croissante des tissus*, et il supplie le gouvernement de prendre au sérieux les craintes exprimées à cet égard dans tous les centres de tissage.

M. le Rapporteur remercie M. le Conseiller d'État de l'attention bienveillante qui vient de lui être accordée. Ne voulant pas abuser de cette bienveillance, il rappelle que si l'industrie du coton est la plus considérable de France, celle du lin tient la première place dans le rayon de Lille.

Avant que l'on passe aux questions communes aux deux industries et devant donner lieu à une discussion générale, il rappelle une dernière fois, qu'en ce qui concerne l'industrie du coton, il a demandé la *dénonciation du traité anglais* et la cessation des admissions temporaires.

Plusieurs Membres de la Chambre appellent l'attention de M. le Conseiller d'État sur les abus qui se sont introduits dans l'admission des produits taxés à la valeur, sur l'insuffisance des déclarations, sur les trop grandes tolérances de la douane et sur le nombre beaucoup trop considérable des bureaux ouverts à l'importation et dans lesquels on ne trouve pas des agents pourvus de connaissances suffisantes pour l'appréciation des valeurs.

M. le Conseiller d'Etat répond que des instructions ont été données par l'administration des douanes à ses agents afin d'apporter une plus grande vigilance dans l'application des tarifs ;

Que si les bureaux d'admission sont devenus trop nombreux, cela n'est pas la faute du traité qui n'avait établi qu'un seul bureau, celui de Paris, mais que le commerce et les localités ont demandé d'autres bureaux que l'Administration n'a pas cru devoir refuser ;

Que ce point sera examiné.

Le régime de l'admission temporaire appliqué aux produits de l'industrie cotonnière est envisagé dans le Nord comme dans l'Alsace et à Saint-Quentin que M. le Conseiller d'Etat vient de visiter.

La Chambre se joint donc pour demander la suppression de ce régime aux vœux que M. le Conseiller d'Etat a recueillis sur d'autres points de l'empire où existe l'industrie cotonnière.

M. le Conseiller d'État informe la Chambre que le gouvernement a institué une commission chargée d'étudier la question dans tous ses éléments et qu'il faut attendre le résultat du travail de cette commission.

M. le Conseiller d'Etat fait connaître à la Chambre que le gouvernement a le projet d'établir, avec le concours du Corps législatif un tarif général des douanes, dont il s'efforce de rassembler les éléments; mais que ce tarif exigera, à cause de sa préparation, de son examen et de sa discussion, un temps assez long et que, dans l'opinion du gouvernement, les droits autant que possible devront se rapprocher de ceux des tarifs conventionnels, ce qui, cependant, n'exclut pas les modifications dont l'expérience aura démontré la nécessité.

Un Membre émet l'opinion que c'est un motif de plus pour dénoncer le traité anglais, afin de n'avoir pas à subir encore un long délai, lorsque la France se croira en mesure de promulguer un tarif général.

M. le Conseiller d'Etat prend note de l'observation, en déclarant qu'il n'entre pas dans sa mission d'y répondre.

La Chambre émet le vœu que, dans le tarif en élaboration, on supprime autant que possible les droits à la valeur pour leur substituer les droits spécifiques dans toutes les matières où l'application de ces derniers droits sera jugée pratique. Elle demande qu'une étude particulière soit faite sur ce point.

La Chambre, ayant épuisé les principales questions qui se rattachent à l'industrie cotonnière, porte son examen sur l'industrie linière, filature et tissage.

. . . . , ...

M. le Conseiller d'État remercie la Chambre de commerce de l'accueil qu'il a trouvé dans son sein. Il se rendra auprès du Gouvernement l'organe des vœux et des observations que la Chambre lui a présentés. Il ajoute qu'il recevra avec plaisir les projets de tarifs émanant de la Chambre ou d'un de ses membres qui seront considérés comme des éléments de la question du tarif général.

Tableau N° 1.

FILS ET TISSUS DE COTON.

EXCÉDANT DES EXPORTATIONS SUR LES IMPORTATIONS, PENDANT CHACUNE DES SEIZE ANNÉES SUIVANTES :

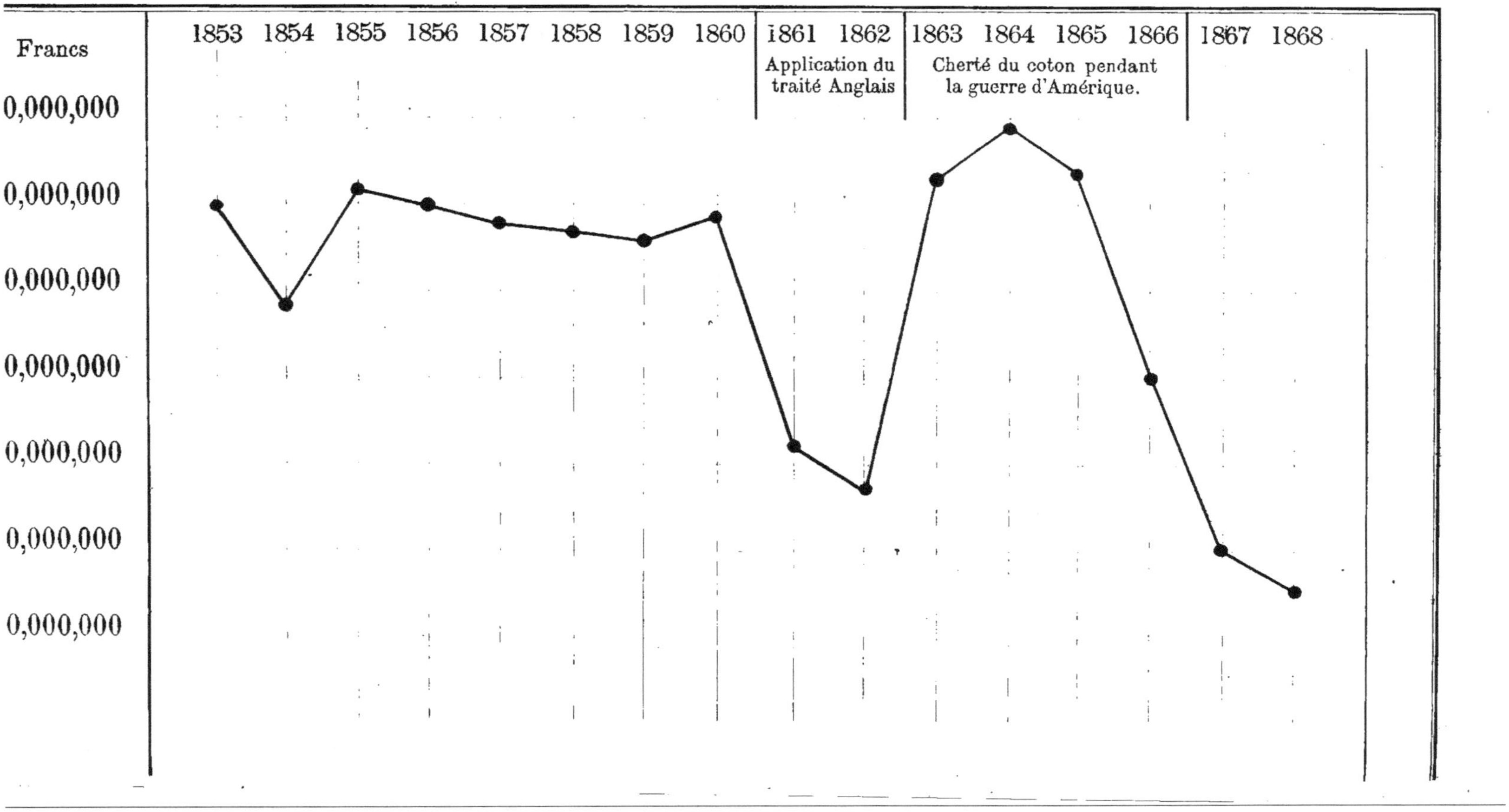

anglais de 1860 et pendant les huit autres années qui l'ont suivi.

1re Période.

		EXPORTATION	IMPORTATION	BALANCE en faveur des exportations.
1853	Tissus.	F.71,919,000	F.1,105,000	
	Filés	866,000	1,412,000	
		72,805,000	2,517,000	70,288,000
1854	Tissus.	59,400,000	1,006,900	
	Filés..	734,970	683,000	
		60,134,970	1,689,900	58,445,070
1855	Tissus.	74,100,000	1,099,085	
	Filés..	660,687	922,775	
		74,760,687	2,021,860	72,738,827
1856	Tissus.	72,100,000	1,037,419	
	Filés..	630,205	896,381	
		72,730,205	1,933,300	70,796,405
1857	Tissus.	68,400,000	1,330,719	
	Filés..	1,813,465	754,381	
		70,213,465	2,085,100	68,128,365
1858	Tissus.	67,700,000	809,277	
	Filés..	1,487,322	1,145,868	
		69,187,322	1,955,145	67,232,177
1859	Tissus.	67,200,000	773,131	
	Filés.	954,768	1,307,640	
		68,154,768	2,080,771	66,073,997
1860	Tissus.	69,600,000	763,538	
	Filés..	1,281,465	1,016,238	
		70,881,465	1,779,776	69,101,689
			F.	542,804,530

2e Période.

		EXPORTATION	IMPORTATION	BALANCE en faveur des exportations.
1861	Tissus.	F.56,400,000	F.9,482,365	
	Filés.	1,063,781	5,083,551	
		57,463,781	14,565,916	42,897,865
1862	Tissus.	63,300,000	14,470,162	
	Filés..	1,693,688	12,845,681	
		64,993,688	27,315,843	37,677,845
1863	Tissus.	88,200,000	9,133,739	
	Filés..	1,881,368	7,401,974	
		90,081,368	15,535,713	73,545,655
1864	Tissus.	93,700,000	9,468,508	
	Filés..	2,495,810	7,336,011	
		96,195,810	16,804,519	79,391,291
1865	Tissus.	93,500,000	10,526,501	
	Filés..	2,309,142	11,240,903	
		95,809,142	21,767,404	74,041,738
1866	Tissus.	86,400,000	23,173,369	
	Filés..	1,881,616	14,600,370	
		88,281,616	37,773,739	50,507,877
1867	Tissus.	57,500,000	18,736,393	
	Filés.	1,301,304	9.468,208	
		58,801,304	28,204,601	30,596,703
1868	Tissus.	55,400,000	19,886,000	
	Filés..	1,381,000	10,345,000	
		56,781,000	30,231,000	26,550,000
			F.	415,208,974

EXCÉDANT

des exportations sur les importations.

1re Période de huit années....F .	542,800,000
2e Période do	415,200,000
Différence en faveur de la 1re pér.	127.600,000

Nota.— Pendant les années 1863, 1864, 1865 et une partie de 1866, le prix du coton en laine ayant hausse de 100 à 400 °/₀, à cause de la guerre d'Amérique, l'excédant s'est élevé :

1863 à........	73,500,000
1864 à.... ...	79,300,000
1865 à........	74,400,000
1866 à........ .	50,500,000
Ensemble.. F.	277,300,000

Mais la quantité des marchandises exportées ayant continué de snivre la ligne descendante, leur valeur doit être diminuée d'un chiffre moyen de 34 millions sur chacune des quatre années ci-dessus, soit 136,000,000

Nouvelle différence F. 141,300,000	141,300,000
Balance en faveur de la 1re période F.	268,900,000

REMARQUE.

Il résulte du tableau ci-dessus que nos filatures et nos tissages se trouvent paralysés , par un *trop plein de marchandises* qui , à la fin de 1868 , pesait sur notre marché , pour une valeur de 268 millions de plus qu'à la fin de 1860.

⸱ **TABLEAU N° 3.** [1]

De 1849 à 1859.

NOUVELLES FILATURES CRÉÉES DANS LE GROUPE DE LILLE.

		N^{os}	Nombre de broches.
1	MM. A	Fins. . . .	4,400
2	B	Moyens. . .	13,000
3	C	Moyens. . .	6,000
4	D	Fins. . . .	5,400
5	E	Moyens. . .	19,732
6	F	Fins. . . .	22,500
7	G	Moyens. . .	18,000
8	H	Fins. . . .	14,000
9	I	Moyens. . .	6,500
10	J	Fins. . . .	7,000
11	K	Fins. . . .	4,400
12	L	Fins. . . .	6,800
13	M	Moyens. . .	14,100
14	N	Fins. . . .	8,000
15	O	Fins. . . .	5,380
16	P	Fins. . . .	2.600
17	Q	Fins. . . .	8,160
			160,572
	A DÉDUIRE :		
1	R. Filature détruite après liquidation	Fins. . . .	5,700
16		RESTE.	154,872

Tableau général au 31 décembre 1859.

	Établissements.	Nombre de broches.
Anciennes filatures, en 1849	27	231,000
Augmentation dans les anciennes filatures, de 1849 à 1859	„	114,000
Nouvelles filatures créées dans la même période	16	155,000
	43	500,000

269,000 (accolade sur les lignes 114,000 et 155,000)

AUGMENTATION : 16 établissements et 269,000 broches.

(1) Nous avons cru devoir, en faisant imprimer ces documents, remplacer par des lettres alphabétiques, les noms propres primitivement indiqués dans nos tableaux.

TABLEAU N° 4.

De 1859 à 1869.

FILATURES DÉTRUITES OU MISES EN CHOMAGE TOTAL.

POUR CAUSE DE MÉVENTE DES PRODUITS.

					Nombre de broches
			Nᵒˢ		
Liquidation	1 MM.	A	Moyens		12,000
Liquidation	2	B	Fins		4,000
Liquidation	3	C	Moyens		8,000
Liquidation	4	D	Fins		6,700
Liquidation	5	E	Moyens		7,000
Liquidation	6	F	Moyens		6,000
Liquidation	7	G	Moyens		12,676
Chômage .	8	H	Fins		12,000
Liquidation	9	I	Fins		8,160
Chômage .	10	J	Fins		22,500
Liquidation	11	K	Fins		5,380
Liquidation	12	L	Moyens		14,100
Liquidation	13	M	Fins		16,040
Liquidation	14	N	Fins		10,000
Liquidation	15	O	Fins		12,000
Chômage .	16	P	Moyens		16,000
Liquidation	17	Q	Moyens		6,000
Liquidation	18	R	Moyens		26,000
Liquidation	19	S	Fins		13,500
Chômage .	20	T	Moyens		6,500
					223,556

A DÉDUIRE :

Nᵒˢ		*Filatures créées de 1859 à 1869 :*		
Moyens. . . .		1 MM. U	29,000	
Moyens. . . .	3	2 V	18,000	73,556
Fins.		3 X	7,840	
		Balance des augmentations et diminutions dans les anciennes filatures	18,516	

DIMINUTION .	17 établissements	DIMINUTION. . . .	150,000

RESTE 26 établissements et 350,000 broches.

TABLEAU N° 5.

INDUSTRIE DES TULLES UNIS A LILLE.

Etat comparatif avant et après le Traité anglais.

			1860. EN ACTIVITÉ		1868. EN ACTIVITÉ		SITUATION.
			Métiers	Ouvriers	Métiers.	Ouvriers.	
Anglais Nos	1 MM.	A	30	150	„	„	Liquidations et métiers détruits
	2	B	30	100	„	„	
Anglais	3	C	5	10	„	„	
	4	D	9	18	„	„	
	5	E	5	10	„	„	
	6	F	5	10	„	„	
Anglais	7	G	7	15	„	„	
Anglais	8	H	10	25	„	„	
Anglais	9	I	8	25	„	„	
	10	J	8	25	„	„	
	11	K	5	15	„	„	
	12	L	2	4	„	„	
	13	M	2	4	„	„	
	14	N	2	4	„	„	
Anglais	15	O	6	15	„	„	
	16	P	10	25	„	„	
	17	Q	7	14	„	„	
	18	R	12	30	„	„	
Anglais	19	S	20	40	„	„	
Anglais	20	T	6	24	„	„	
	21	U	2	8	„	„	
	22	V	15	45	„	„	
	23	X	27	100	10 (6 h. de trav.)	12 (8 h.)	Métiers arr. 17
	24	Y	16	38	6 (8 id.)	11 (8 h.)	id. 4
	25	Z	12	30	5 (8 id.)	9 (7 h.)	id. 7
	26	AA	7	28	5 (8 id.)	10 (8 h.)	id. 17
	27	BB	5	10	6 (9 id.)	6 (9 h.)	id. 6
	28	CC	4	8	1 (6 id.)	1 (6 h.)	id. 3
	29	DD	7	14	3 (7 id.)	3 (7 h.)	id. 4
			284	844	36	52	58
Ouvriers occupés hors des fabriques			156			20	
Total des ouv. en 1860 (j. de 12 h.)			1000	En 1868 (8 h.)		72	

Nota. — Les fausses déclarations en douane étant très-nombreuses pour les tulles unis, un droit *spécifique* de 25 % pourrait seul sauver cette industrie d'une ruine complète.

DOUANES. — VÉRIFICATION A L'ENTRÉE DES FILS DE COTON.

— 17 Février 1870 —

RENSEIGNEMENTS ADRESSÉS A M. LE MINISTRE DE L'AGRICULTURE, DU COMMERCE ET DES TRAVAUX PUBLICS.

MONSIEUR LE MINISTRE,

Par votre dépêche en date du 23 janvier, vous avez bien voulu entretenir notre Chambre de Commerce de la réclamation faite par les filateurs de Lille, lors du voyage de Monsieur le Conseiller d'Etat Ozenne dans le Nord, relativement à la manière dont le service des Douanes procède à la reconnaissance des fils de coton, au moment de leur importation en France.

Dans cette dépêche, vous transmettez à la Chambre diverses explications, qui vous ont été données par Monsieur le Directeur Général des Douanes, et vous terminez en annonçant que ce haut fonctionnaire prend texte de la réclamation des filateurs de Lille pour appeler, sur les importations de l'espèce, l'attention de la Douane de Boulogne et de tous les autres bureaux par lesquels s'importent habituellement les fils de coton.

La Chambre s'est empressée de donner connaissance de votre dépêche aux principaux filateurs, se réunissant en Comité ou Syndicat, et les a engagés à porter à la connaissance de leurs co-intéressés le résultat de l'enquête faite à Boulogne.

En réponse à cette communication, le Comité des filateurs présente les observations suivantes, sur lesquelles, Monsieur le Ministre, la Chambre appelle votre bienveillante attention et celle de Monsieur le Directeur Général des Douanes, tant dans l'intérêt du Trésor que dans celui de l'Industrie de la filature de coton.

OBSERVATIONS PRÉSENTÉES PAR LES FILATEURS.

Lors de l'arrivée à Lille des cotons filés, dont il est fait mention dans la lettre écrite par Monsieur le Ministre à la Chambre de Commerce le 15 janvier, deux délégués du Comité se transportèrent à la filature de MM. Vantroyen frères qui voulurent bien, dans l'intérêt de la vérité, mettre sous les yeux de ces délégués les tonneaux renfermant les cotons importés.

Ces fûts ne paraissaient pas avoir été ouverts, mais l'un d'eux portait une fente, faite avec la scie, et au moyen de laquelle les employés de la Douane avaient dû pouvoir reconnaître la nature de la matière textile importée. Cette première constatation est toujours fort utile assurément, mais elle ne saurait suffire qu'à la condition de s'en rapporter pour le degré de finesse du fil, aux déclarations de de l'importateur. Or, une pareille confiance n'est pas toujours justifiée.

D'après les tarifs douaniers, le quantum des droits à percevoir sur les fils de coton varie proportionnellement à leur finesse. De 15 centimes au point de départ, le droit s'élève, en haut de l'échelle établie, jusqu'à 3 fr. par kilogramme pour le fil simple. Il varie ensuite de 19 c. 1/2 à 3 fr. 90 par kilogramme pour les fils retors en 2 bouts.

C'est sciemment que nous négligeons de parler ici des fils blanchis ou teints, ainsi que des fils retors à plusieurs torsions donnant lieu à des droits beaucoup plus considérables.

Les chiffres que nous venons de citer suffisent largement pour démontrer que les employés de la Douane doivent faire ouvrir successivement chacun des colis importés, s'ils veulent, tant dans l'intérêt du Trésor que dans celui de l'industrie, faire une vérification sérieuse de la marchandise et appliquer les droits proportionnels du tarif.

En effet, si le tonneau importé renferme 350 k. de N° 20 $^m/_m$ en fil simple, tarifé à 15 cent. par kilog, il donne lieu à une perception de 52 fr. 50.

Mais, si au lieu de 20 mille mètres de fil simple par demi-kilog., le mesurage donne une longueur de 86 mille mètres de fils retors, en deux bouts (172 $^m/_m$ simple) également par demi-kilog, le droit applicable aux 350 kilog. s'élève à 1,365 fr.

La non-vérification d'un seul fût, au milieu d'un nombre plus ou moins considérable de colis, simultanément admis à l'importation peut donc porter au Trésor un préjudice de 1,312 fr. 50 sur 1,365 fr.

En ce qui concerne les intérêts de l'Industrie, la non-vérification peut avoir des conséquences non moins graves. Deux chiffres suffiront également pour apporter une vive lumière sur cette question :

350 k. de coton retors N° 211 $^m/_m$ (250 anglais) ont une valeur de. 20,000 Fr.

350 k. de coton retors N° 20 $^m/_m$ ne valent que . . 1,400

Ce simple rapprochement suffit pour démontrer que la valeur du contenu d'un seul tonneau peut varier de 18,600 Fr.

C'est évidemment dans le but de faire en quelque sorte toucher du doigt une différence aussi remarquable que nous avons pris nos chiffres aux deux points extrêmes de l'échelle établie dans le tarif des droits conventionnels avec l'Angleterre ; mais ce sont, bien entendu, les points intermédiaires qui sont les plus nombreux. Cependant personne ne viendra prétendre qu'il n'entre pas, en France, une certaine quantité de coton N° 211 mille mètres, notamment par la Douane de Calais.

Quoiqu'il en soit, en présence de la possibilité de différences aussi considérables, pouvant, par l'effet d'une vérification insuffisante compromettre une partie du travail national, et priver en même temps le Trésor d'une recette importante, les délégués du Comité n'ont point hésité à faire ouvrir devant eux les fûts importés par **MM.** Vantroyen frères.

Leurs connaissances spéciales, en matière de filés, les ont naturellement engagés à rechercher les canettes sur lesquelles les employés de la Douane avaient dû, au moment de l'importation en France, faire la vérification du N° déclaré, c'est-à-dire du degré de finesse ; mais lesdits membres du Comité ont eu le regret de devoir constater que le contenant, pas plus que le contenu, ne présentait aucune trace de vérification, sauf celle faite extérieurement sur l'un des fûts, pour reconnaître la nature de la matière première.

Toutes les canettes occupaient toujours bien leur place primitive dans l'intérieur, et aucune d'elles ne se trouvait amoindrie par l'enlèvement qui aurait dû être fait d'une longueur de fil plus ou moins considérable, pour servir à la confection d'un écheveau de mille mètres. Une seule canette avait été dévidée par une main inhabile, soit avant la mise en fût, soit pendant la visite de la Douane, soit pendant le transport ; mais il a été reconnu par les hommes spéciaux que la longueur du fil contenu primitivement dans cette canette, ne se trouvait pas diminuée de plus de 10 mètres; or, ce n'est pas sur 10 mètres que l'on peut faire une épreuve indiquant la finesse, c'est sur 1,000 mètres et non autrement.

Le comité des filateurs de Lille profite de cette circonstance pour prier Monsieur le Ministre du Commerce et Monsieur le Directeur Général des Douanes d'obliger tous les employés de la Douane, sans aucune exception, à se conformer aux prescriptions de l'ordonnance du 26 Mai 1819 pour le numérotage des cotons filés.

Il résulte de cette ordonnance que l'écheveau de mille mètres doit être fait uniformément sur un dévidoir hexagone, portant une roue de 70 dents et ayant un périmètre de 1428 millimètres et demi. L'écheveau de 1,000 mètres ayant été dévidé dans ces conditions doit ensuite, suivant la même ordonnance, être placé sur une romaine à quart de cercle, spéciale pour cet usage, et indiquant le degré de finesse instantanément.

Les filateurs, leurs ouvriers, les négociants en cotons filés, les tisseurs et les bureaux de conditionnement, suivent les prescriptions de 1819. Tous ont renoncé, depuis longtemps, à la petite balance ordinaire dont on se servait autrefois et qui ne pouvait jamais conserver, pendant une semaine entière, assez de sensibilité pour bien marquer les milligrammes.

26 Bureaux de Douane étant appelés à percevoir les droits sur les cotons filés à leur entrée en France, le Comité des filateurs n'hésite pas à déclarer tout d'abord que, dans sa pensée, ce nombre de 26 est beaucoup trop considérable et de plus que la vérification ne peut être faite convenablement sauf de très-rares exceptions.

L'opinion du Comité prend sa source dans diverses causes dont les principes vont être indiqués :

PREMIÈREMENT. — Fort peu de bureaux de Douane ont été mis en possession des appareils indiqués par l'ordonnance de 1819.

DEUXIÈMEMENT. — Un trop petit nombre d'employés sont assez exercés pour distinguer suffisamment l'un de l'autre les différents genres de fils de coton, admis à l'importation et surtout pour bien en faire le numérotage. Or, le degré de finesse ne peut être connu qu'au moyen d'un mesurage fait sur les appareils spéciaux indiqués ci-dessus. Cette vérité est si grande que les filateurs eux-mêmes ne peuvent pas plus à la vue qu'au toucher, indiquer à 10 ou 50 mètres près (suivant le degré de finesse) le N° réel d'un fil sortant de leurs propres ateliers. Pour eux, les appareils spéciaux ne sont pas moins indispensables que pour toute autre personne

TROISIÈMEMENT. — Le nombre d'employés, tout à fait insuffisant, dans certains bureaux, pour le numérotage des cotons, ne permet même pas de procéder à l'ouverture de tous les colis. Nous croyons avoir assez démontré ci-dessus combien cette mesure est pourtant nécessaire, tout aussi bien dans l'intérêt du Trésor que dans celui de l'Industrie Française. Au surplus, l'ouverture des tonneaux constitue en dehors de la visite, une opération longue et difficile pour les employés. Les frais de main-d'œuvre auxquels elle donne lieu doivent donc être mis à la charge de la marchandise. Si l'expéditeur veut éviter ces frais, il peut parfaitement se servir de caisses clouées ainsi que cela se pratiquait précédemment, lorsqu'il ne s'agissait pas de transports par navires, faisant des voyages de long cours.

En résumé, le Comité des filateurs prie la Chambre de Commerce de Lille de faire parvenir à Monsieur le Ministre les observations qui précèdent, et de lui témoigner sa vive reconnaissance pour les bienveillantes dispositions exprimées dans sa lettre du 15 janvier. Monsieur le Ministre a parfaitement compris qu'en attendant les modifications devant résulter de l'Enquête, il importe que les vérifications en Douane soient faites plus sérieusement qu'elles ne l'ont été en beaucoup d'occasions depuis 1860.

Tels sont les renseignements et les observations que la Chambre est priée de transmettre dans l'intérêt de l'industrie de la filature.

ENQUÊTE PARLEMENTAIRE SUR LA SITUATION ÉCONOMIQUE DE LA FRANCE.

— Avril 1870 —

DOCUMENTS STATISTIQUES ENVOYÉS A LA COMMISSION.

INDUSTRIE DU COTON.

QUESTIONNAIRE.

Filature.

QUESTION A.

Quel est le nombre de filatures de coton existant dans la circonscription de la Chambre de commerce ?

(Indiquer la spécialité de fabrication par numéro et l'importance respective des divers établissements par nombre de broches.)

Il existe dans la circonscription de la Chambre de commerce de Lille, 64 filatures de coton en y comprenant, comme faisant partie du même groupe industriel, les deux filatures de Dunkerque qui comptent ensemble 15,000 broches à filer.

La production varie depuis le N° 35 mille mètres jusqu'à la plus grande finesse.

La diversité des numéros est telle qu'il est impossible de donner des renseignements précis sur le degré de finesse que produit chaque filature. Plusieurs établissements, à Lille, filent 20 numéros différents, en comptant de 10 en 10.

QUESTION B.

Le nombre de broches a-t-il augmenté ou diminué depuis 1860?

Dans quelle mesure et dans quel genre de fabrication?

Quel est le nombre de broches actuellement en activité ?

Quel est le nombre des ouvriers employés par 1,000 broches dans chaque spécialité ?

Le nombre actuel des broches est de 946,118. En 1860, c'était 793,916. Le numéro moyen que file chaque établissement est devenu sensiblement plus gros depuis 1860.

En 1860, le nombre de broches en activité s'élevait à 793,916 ; en 1870, il n'est plus que de 779,142 sur 946,118 broches existantes ; le nombre de broches en chômage est de 166,976.

Le nombre d'ouvriers occupés par 1,000 broches, est de 6 pour filer les gros numéros, et de 10, pour filer les fins.

QUESTION C.

Les établissements ont-ils renouvelé leur outillage ?

Beaucoup d'établissements ont renouvelé, amélioré, augmenté leur outillage. Les dépenses se sont élevées de 25 à 30,000,000 dans la circonscription. Dans ce chiffre est compris le coût de 184 mille broches à retordre.

Le nombre actuel des broches à retordre s'élève à 329,000, sur lesquelles 128,000 sont en chômage complet.

QUESTION D.

Quelle était la quantité de coton en laine employée par ces établissements dans les filatures de la circonscription antérieurement à 1860 ?

Quelle est la quantité employée aujourd'hui par les mêmes établissements ?

La quantité de coton consommée est supérieure en poids à ce qu'elle était avant 1860, mais toutes les filatures produisant des numéros plus gros que précédemment, l'importance du travail n'a pas moins considérablement diminuée, puisque c'est la filature des numéros fins qui exige le nombre d'ouvriers le plus considérable.

A numéro égal, la production par broche est restée la même qu'en 1860.

Les métiers neufs ont plus de longueur qu'avant 1860, mais ils ne fonctionnent pas plus vite.

Tissage Mécanique.

QUESTION E.

Quel est le nombre de tissages existant dans la circonscription de la Chambre de commerce ?
(Indiquer autant que possible la spécialité de fabrication et l'importance respective des divers établissements.)
Existe-t-il encore dans votre circonscription des métiers à bras et quelle peut être leur importance au point de vue de la production ?

Il existe encore dans la circonscription 85 fabriques de tulles, elles sont situées à Lille, Douai, Caudry, Inchy, Beaumont, Fontaine ; en 1860, leur nombre s'élevait à 198, différence en moins 113 fabriques.

La spécialité de la fabrication est le tulle uni. Il existe cependant à Lille et dans d'autres parties de la circonscription, quelques métiers qui font les nouveautés, et notamment l'article rideau. Le nombre des métiers à bras est encore le plus considérable. Ils produisent moins que les métiers mécaniques, qui sont plus longs. (Voir H, pour le complément de cette réponse).

QUESTION F.

Le nombre de métiers a-t-il augmenté ou diminué depuis 1860 ?
Dans quelle mesure et dans quel genre de fabrication ?
Quel est le nombre de métiers actuellement en activité ?

En 1860, il existait dans la circonscription. . .   797 métiers.
En 1870, il n'en existe plus que   423   »

Le nombre de métiers détruits est de. . .   374

Le genre de fabrication ne peut se modifier sur les métiers montés spécialement pour faire les tulles unis.

En 1860, il y avait en activité 797 métiers fonctionnant nuit et jour, au moyen de deux brigades, ci. . . . .   797 métiers.

En 1870, le nombre de métiers est réduit à 207, qui n'emploient plus qu'une seule brigade d'ouvriers occupés en moyenne, huit heures seulement, sur vingt-quatre heures, ci   207   »

Il résulte de ces chiffres, que le nombre de métiers détruits ou en chômage complet, est de.   590   »

QUESTION G.

Quel est le nombre d'ouvriers employés par 100 métiers, soit pour le tissage mécanique, soit pour le tissage à la main ?

En 1860, 3,983 ouvriers, pour les 797 métiers à tulles, faisaient journée pleine.

En 1870, 414 ouvriers, pour les 207 métiers restant, sont occupés une partie de la journée seulement.

Question H.

Les établissements ont-ils modifié leur outillage ?

Quelques fabricants ont allongé et simplifié leurs anciens métiers, d'autres ont fait construire des métiers neufs, plusieurs emploient la vapeur comme force motrice. Ces exemples seront généralement suivis dans un avenir prochain, si l'on met les fabricants, qui survivent, en position de combler les pertes énormes qu'ils ont éprouvées depuis 1860.

Impressions. — Teintures. — Blanchîment et apprêts

Question I.

Quel est le nombre des établissements qui dans la circonscription de la Chambre de commerce mettent en œuvre les tissus de cotons écrus ?

(Indiquer autant que possible la spécialité de fabrication et l'importance respective des établissements).

Quatre établissements dans la circonscription s'occupent de teinture, blanchiment et apprêt des tulles.

Question J.

Les établissements ont-ils augmenté ou diminué en nombre et en importance depuis 1860 ?

Dans quelle mesure et dans quel genre de fabrication ?

Le nombre et l'importance de ces établissements spéciaux ont diminué de moitié depuis 1860.

Question K.

Quel est le nombre d'ouvriers employés dans ces établissements, quelle est la proportion des hommes, femmes et enfants ?

Ces diverses industries, dont le rôle est d'achever la fabrication des tulles, n'occupent que 70 ouvriers, 1/3 hommes, 1/2 femmes, 1/6 enfants.

Question L.

Les établissements ont-ils modifié leur outillage et leur genre de fabrication ?

Depuis 1860, on a substitué le travail à la machine au travail à la main. Quant à l'outillage, il est établi dans de bonnes conditions.

AUTRE QUESTIONNAIRE.

Filature.

1re et 2e QUESTION.

Quelles sont les observations que vous avez à présenter sur le tarif concernant les filés de coton en ce qui touche les différents numéros ?

Considérez-vous que ce tarif soit suffisant ou demandez-vous des modifications ? Dans le cas de l'affirmative, quelles sont ces modifications ?

La tarification devrait être proportionnelle à la production et à la différence des conditions de travail en France et à l'étranger.

L'on devrait, autant que possible, faire disparaître les anomalies qui existent dans les séries.

Une nouvelle tarification est proposée par la filature du Nord pour remédier à ces inconvénients ; la Chambre appuie la demande présentée par cette industrie.

3e QUESTION.

Quelle est approximativement la quantité de filés étrangers qui entre dans votre circonscription et en quels numéros ?

Quelle est l'importance de cette introduction comparée à votre fa-brication locale ?

Quelle est l'influence exercée sur votre marché par l'introduction des filés étrangers dans d'autres parties de la France ?

Quelle est l'influence exercée par l'entrée des tissus étrangers ?

Il est impossible de déterminer les quantités qui entrent dans la circonscription : les bureaux de la douane qui y sont situés, ne peuvent en donner qu'une idée incomplète.

Les 9/10 des filés introduits en France font directement concurrence à la filature de Lille. La production de l'Angleterre étant six fois plus forte que celle de la France, il lui suffirait de faire un sacrifice sur un 6ᵉ de sa production pour écraser la filature française.

Les tissus venant de l'étranger sont entrés en France, dans de telles proportions depuis 1860, que l'industrie de la filature de coton s'est trouvée compromise dans son existence par la perte de ses débouchés les plus importants.

Pour n'en citer qu'un exemple, l'importation des tissus anglais dits *mélangés*, similaires des genres produits à Roubaix, a atteint, en 1869, le chiffre de 60 millions, en tenant compte des atténuations de valeur.

Aussi, la production s'est-elle réduite considérablement pour ce genre d'article et n'atteint-elle plus que 90 millions.

Dans les trois dernières années, la production annuelle est tombée de 120 millions à 90 millions. On voit par ce dernier chiffre, quel a été le préjudice éprouvé par la filature du Nord, dont Roubaix est le principale débouché. Cette industrie demande énergiquement l'élévation des droits actuels sur les tissus.

4ᵉ Question.

Quelle est la provenance des cotons que vous employez ?

Quel en est le prix, rendus dans un port français ?

Que vous coûtent-ils du port à votre établissement ?

Existe-t-il un écart normal entre le prix du coton au Hâvre, à Marseille, à Anvers, à Liverpool ?

La filature de la circonscription emploie des cotons de toute provenance. Elle les importe quelquefois directement des pays d'origine, et le plus souvent elle fait ses achats à Liverpool, Le Hâvre et Marseille.

Le prix des cotons en laine varie de 3 francs à 20 francs le kilog., selon la qualité.

Le transport coûte de Liverpool à Lille, 50 francs la tonne, de Marseille, 71 francs 50 c.; du Hâvre, 27 francs.

Liverpool présente plus de choix que tous les autres marchés du monde.

Les avantages qui en résultent au profit des acheteurs anglais, qui ne manquent pas de s'appliquer les lots les plus favorables, au moment du débarquement, peuvent se chiffrer par 4 1/2 à 7 1/2 p. %, suivant la saison, y compris les frais supplémentaires qui doivent être supportés par le filateur français, notamment les droits de douane de 3 francs par 100 kilog. à l'entrée en France, les transports, assurances, commissions, embarquement à Liverpool, débarbarquement en France, courtage, etc.

5e QUESTION.

De quels moteurs vous servez-vous ?

Si c'est un moteur hydraulique, quelle force en chevaux développe-t-il ?

Combien vous coûte-t-il par année, tout compris ? (location de la chûte d'eau, achat, entretien du moteur, etc.)

Si vous vous servez d'une machine à vapeur, quelle est sa force en chevaux ?

*Combien vous coûte-t-elle par année, tout compris ? (achat, entre-
tien, combustible, etc.)*

Quel combustible employez-vous ?

A quel prix vous revient-il ?

*Quelle quantité en consommez-vous par an et par 100 kilogrammes
de coton filé ?*

Il n'y a dans la circonscription aucune filature qui soit mise en
mouvement par un moteur hydraulique.

L'on se sert exclusivement de machines à vapeur, coûtant au minimum 1000 francs par force de cheval.

Ces machines sont alimentées par du charbon de terre dont le prix
de revient, à l'établissement, varie de 16 à 18 francs la tonne.
Chaque cheval-vapeur met en mouvement environ 125 broches à
filer, et consomme en moyenne 85 kilog. de charbon par broche et
par an.

6e 7e 8e 9e 10e 11e et 12e QUESTION.

Combien de broches avez-vous dans votre établissement ?

Combien d'ouvriers employez-vous par 1,000 broches ?

Quelle est la proportion des hommes, femmes et enfants ?

*Quelle est la durée du travail et le prix de la journée, selon l'âge
et le sexe ?*

Employez-vous des ouvriers à la tâche, et dans quelle proportion ?

Que gagnent-ils en moyenne par jour ?

Quels sont les numéros du fil que vous produisez ?

*Quelle est la production par jour d'une broche, dans chaque
numéro ?*

*Quelle est par année la production moyenne d'une broche dans votre
établissement ?*

Quels sont en ce moment les prix des fils que vous fabriquez ?

Quel est le prix des similaires dans les pays voisins ?

Quel était le prix des fils français et étrangers avant 1860 ?

Quel est le prix de revient d'un kilogramme de coton filé en distinguant le prix du coton en laine, les frais généraux et la main-d'œuvre ?

A quel chiffre peut-on évaluer la différence du prix de revient des filés français et des filés étrangers qui leur font concurrence, et quels sont les éléments de cette différence ?

Quelles sont les améliorations qui ont pu être introduites dans votre filature depuis 1860 ?

Faites-vous du fils retors ?

Quel est le prix de façon du retordage par kilogramme de coton filé ? Quelle a été l'influence du traité de commerce sur cette industrie ?

Pour toutes ces questions, se reporter aux réponses ci-dessus, dans les Documents statistiques.

<h3 style="text-align:center">13ᵉ et 14ᵉ Question.</h3>

Quelle influence attribuez-vous à l'application du principe des importations temporaires aux tissus de coton ?

Pensez-vous que le décret du 9 janvier 1870 soit de nature à nuire au développement de l'industrie de l'impression ?

Quelle importance a le tissage à la main dans votre industrie ?

Dans quelles conditions est-il pratiqué ?

Il ne se fait plus de toiles de coton dans la circonscription depuis un certain nombre d'années, l'importance des importations des tissus étrangers, a forcé les filateurs d'Alsace à faire concurrence aux filateurs du Nord jusque sur les marchés de Saint-Quentin, Lille et Roubaix.

34

Tissage Mécanique.

15ᵉ Question.

Quelles sont les observations que vous avez à présenter sur le tarif concernant les tissus ?

Le droit actuel de 15 p. %, *ad valorem* sur les tulles unis de coton est sans efficacité. Il est d'ailleurs mal appliqué, et les fausses déclations le réduisent à 5 %, 7 % au plus.

16ᵉ Question.

Considérez-vous que ce tarif soit suffisant ou demandez-vous des modifications ?

Dans le cas de l'affirmative, quelles sont ces modifications ?

Un droit de 25 à 30 p. % transformé en droit spécifique est nécessaire, de même que la réduction du nombre de bureaux de douane, trois bureaux spéciaux pour les tulles pourraient être établis à Calais, Lille, Paris.

17ᵉ Question.

Quelle est la provenance des filés que vous employez ?

Faites-vous des achats de filés étrangers ?

Quelle influence l'entrée des filés étrangers exerce-t-elle sur le prix des filés en France ?

Les fabriques de tulles consomment des filés anglais et français, les chaînes anglaises entrent en assez grande quantité.

La lutte des filés anglais contre les filés français, force nécessairement la filature française à réduire ses prix.

18ᵉ Question.

Quels sont les tissus que vous fabriquez ?

Quel est le prix de revient de ces tissus en distinguant la matière première, les frais généraux et la main-d'œuvre ?

Les tissages des arrondissements de Lille, Douai et Cambrai, ne produisent que des tulles unis en bandes et en pièces, sauf un petit nombre de métiers qui sont occupés à quelques articles de nouveautés, notamment pour rideaux; le tout indépendamment d'un assez grand nombre de métiers qui travaillent pour le compte des fabricants de Saint-Quentin.

19ᵉ Question.

De quels moteurs vous servez-vous ? Si c'est un moteur hydraulique, quelle force en chevaux développe-t-il ?

Combien vous coûte-t-il par année tout compris ? (location de la chûte d'eau, achat, entretien du moteur).

Si vous vous servez d'une machine à vapeur, quelle est sa force en chevaux ?

Combien vous coûte-t-elle par année tout compris ? (achat, entretien, combustible, etc.)

Quel combustible employez-vous ?

A quel prix vous revient-il ?

Quelle quantité en consommez-vous par an, et par 100 mètres du tissu produit ?

Aucun moteur hydraulique n'est employé pour le tissage.

Les machines à vapeur employées pour la fabrication des tulles, varient de 8 à 15 chevaux, elles sont peu nombreuses.

Les métiers à bras sont toujours en nombre considérable. (Voir à la statistique, lettre H.)

Les machines à vapeur sont alimentées par du charbon de terre, dont le prix varie de 16 à 18 francs la tonne.

L'importance de la consommation est subordonnée à la finesse du tissu fabriqué, le degré de finesse est très-variable suivant la mode.

20ᵉ Question.

Combien de métiers avez-vous dans votre établissement ?

Combien employez-vous d'ouvriers par 100 métiers ?

Quelle est la proportion des hommes, femmes et enfants ?

Quelle est la durée du travail? Et le prix de la journée selon l'âge et le sexe ?

Employez-vous des ouvriers à la tâche et dans quelle proportion ?

Que gagnent-ils en moyenne par jour ?

Le plus grand nombre d'ouvriers est employé à la tâche.

Voici quels sont leur salaires, pour un travail de 12 heures :

Enfants de 12 à 15 ans, de. . . . . . . fr.	0 75 à	1 25		
— 15 à 18 —	1 25 a	1 75		La hausse du prix des denrées a né-
Femmes	1 25 à	2 25		cessité une aug-
Ourdisseurs	2 75 à	3 50		mentation de 20
Tisseurs	4 „ à	6 „		à 25 % dans les
Mécaniciens	3 50 à	6 „		salaires.
Surveillants et contre-maitres	4 50 à	10 „		

Pour les autres parties de la 20ᵉ question, voir les Documents statistiques aux lettres F et G.

21ᵉ et 22ᵉ Question.

Quels sont les prix des tissus que vous fabriquez ?

Quel est le prix des similaires dans les pays voisins ?

A quel chiffre peut-on évaluer la différence du prix de revient des tissus français et des tissus étrangers qui leur font concurrence et quels sont les éléments de cette différence ?

En France, le prix des tulles unis varie de 30 centimes à 12 fr. le mètre. En Angleterre, les prix sont sensiblement moins élevés.

L'écart provient des différences sur la houille, l'outillage, l'amortissement, l'importance du capital engagé, la facilité des débouchés, l'importance des usines, la non réunion de la filature et du tissage, la mobilité incessante du goût français, l'habileté des ouvriers et contre-maîtres anglais, qui n'ont pas dû subir la loi du recrutement.

23ᵉ QUESTION.

Quelles sont les améliorations qui ont pu être introduites dans votre tissage depuis 1860 ?

Quelle influence attribuez-vous à l'application du principe des importations temporaires aux tissus de coton ?

Pensez-vous que le décret du 9 janvier 1870 soit de nature à nuire au développement de l'industrie de l'impression ?

Le principe des admissions temporaires n'a jamais reçu d'application en ce qui concerne les tulles unis. L'industrie de l'impression, qui jouait autrefois un rôle important dans notre pays, s'est éteinte et ne saurait revivre à la faveur du décret du 9 janvier 1870.

Pour le complément de la réponse à la 23ᵉ question, voir les renseignements statistiques à la lettre H.

Se reporter égalemeut aux DOCUMENTS STATISTIQUES, lettres I, J, K, L, pour les réponses aux questions 24 à 32.

RÉSUMÉ.

La filature du Nord réclame une nouvelle tarification qui soit véritablement proportionnelle à la production et à la différence des conditions de travail en France et à l'étranger.

Le tissage des tulles unis demande un droit spécifique équivalent à 25 à 30 p. %, et la réduction du nombre des bureaux ouverts à l'importation.

ANNEXES

LE NOUVEAU TRAITÉ ANGLAIS.

— 12 Février 1873 —

PÉTITION A L'ASSEMBLÉE NATIONALE

MESSIEURS LES DÉPUTÉS,

Nous avons l'honneur d'appeler votre attention sur le nouveau traité de commerce conclu avec l'Angleterre, qui doit être prochainement soumis à votre ratification, et nous vous envoyons ci-dessous la copie d'une pétition, remise le 29 novembre dernier à Monsieur le Président de la République.

Avant la signature du traité, nous avons dû nous adresser au chef de l'État; maintenant que le traité est signé, c'est aux représentants du pays que nous envoyons nos doléances. Nous regrettons de devoir ajouter que la mévente est complète en ce moment dans notre industrie. Plusieurs retordeurs de Lille sont déjà en chômage partiel, et beaucoup de filateurs mettent la plus grande partie de leurs produits en magasin. L'inoccupation d'un grand nombre d'ouvriers est donc à craindre dans un délai prochain.

L'Assemblée nationale seule, a le droit de décider du sort de l'industrie française.

Si les tarifs de 1860 ne sont pas relevés, si on ne tient, quant à présent, aucun compte des nouvelles charges résultant de la guerre, l'Assemblée nationale doit au moins vouloir que sa loi du 26 juillet dernier soit prise au sérieux dans son exécution et que conséquemment les droits à établir, pour compenser l'impôt sur les matières premières, soient réellement compensateurs.

Veuillez agréer, Messieurs les Députés, l'assurance de notre profond respect.

Le Secrétaire,
J. SCHOUTTETEN.

Le Président,
H^{ri} LOYER.

LE NOUVEAU TRAITÉ ANGLAIS.

— 29 Novembre 1872 —

PÉTITION AU PRÉSIDENT DE LA RÉPUBLIQUE

————

MONSIEUR LE PRÉSIDENT,

Les soussignés, composant le Comité des Filateurs de Coton du groupe industriel de Lille, redoutant l'intensité d'une crise qui a commencé depuis plusieurs mois dans leur industrie, demandent que leur position, déjà aggravée par les nouveaux impôts, ne le soit pas encore davantage par la non application de la loi du 26 juillet dernier.

En conséquence, ils se joignent aux industriels de la Normandie et de l'Est pour réclamer :

1° *L'application de la loi du 26 juillet dernier, c'est-à-dire la perception réelle sur les filés et les tissus de coton, venant de l'étranger, de droits compensant l'impôt qui pourrait être perçu sur le coton en laine.*

2° *Le relèvement des tarifs concernant l'industrie du coton, conformément aux résultats de l'enquête parlementaire de 1870. Cette enquête avait déjà prouvé la nécessité de protéger d'une manière plus efficace l'industrie du coton en France, avant qu'il fut question des nombreuses et lourdes charges résultant de la guerre.*

Dans l'opinion du Comité des Filateurs, les plus grands malheurs qui pourraient atteindre la France, dans les circonstances actuelles, résulteraient de l'inoccupation d'un grand nombre d'ouvriers appartenant à différentes industries.

Daignez, Monsieur le Président de la République, agréer l'assurance de nos sentiments les plus respectueux.

Hri LOYER, Alfred DELESALLE. J. SCHOUTTETEN, Edmond Cox,
Aug. WALLAERT. Th. BARROIS. J. LE BLAN, J. LEFEBVRE,
A. THIRIEZ.

L'INDUSTRIE AUX PRISES AVEC LA POLITIQUE [1]

1870 A 1873.

M. le Président de la République a, dans la séance d'hier (4 mars 1873), prononcé à la tribune de l'Assemblée nationale, les paroles suivantes :

« Toutes les fois qu'une goutte de sueur tombe sur le sol fécondé, elle hâte *« la libération du territoire. »*

En notre qualité d'un des plus anciens chefs du travail manufacturier, en France, nous demandons qu'il nous soit permis de présenter quelques observations.

L'enquête parlementaire sur la situation de l'industrie française, que les intéressés réclamaient en vain depuis dix ans, fut enfin votée au commencement de l'année 1870 par le Corps législatif. Elle s'ouvrit au mois d'Avril : Un grand nombre de négociants et d'industriels, notamment plusieurs membres du Comité des filateurs de Lille, s'empressèrent d'aller faire leur déposition devant la Commission d'enquête. De notre côté, nous lui envoyâmes nos documents statistiques et notre réponse détaillée au questionnaire (Voir page 257).

Mais, à partir du mois de Juillet, des malheurs inouïs sont venus plonger la France dans le deuil, et l'enquête, bien que terminée pour l'industrie cotonnière, n'a pu avoir de conclusion au Corps législatif.

Napoléon III, ayant commis la faute de déclarer la guerre, sans être prêt à la faire, sans être appuyé par aucune de ces alliances internationales, pour lesquelles son gouvernement a sacrifié une partie importante de l'Industrie française, est complètement battu et fait prisonnier à Sedan. Son trône est ensuite renversé.

Paris, ne voulant pas reconnaître l'autorité du Corps législatif, proclame la République. La guerre continue. Les Allemands viennent mettre le siége sous les murs de la capitale.

---

[1] Note envoyée à la Commission de l'Assemblée nationale chargée d'examiner le projet de traité franco-anglais.

L'armée française, désorganisée, ne peut repousser l'ennemi.

Pendant quatre mois, la faim décime les Parisiens, et elle finit par les obliger à capituler.

En vain la France attend des secours de ces nations auxquelles elle était, disait-on, indissolublement unie par les liens des traités de commerce ; abandonnée du monde entier, elle est forcée de subir la loi du Prussien, qui, cette fois, a été le plus fort. Indépendamment des pertes énormes éprouvées pendant la guerre, nous devons payer l'écrasante rançon de 5 milliards, et abandonner peut-être pour toujours deux de nos plus belles provinces : l'Alsace et la Lorraine !

Il est facile de comprendre que, pendant la durée de ces épouvantables calamités, les idées restent fort éloignées de l'enquête parlementaire, de la dénonciation du traité de commerce anglais, ainsi que de toutes les questions industrielles, douanières, etc.

Enfin le calme est rétabli.

Les nouveaux représentants de la France, nommés par le suffrage universel, réunis en Assemblée Nationale, à Versailles, décident, dans la séance du 2 février 1872, que la France n'ayant pas d'autre moyen de se racheter que le travail, doit commencer par dénoncer le traité de commerce anglais.

Nos députés se sont rappelé que tous les gouvernements depuis 1792 jusqu'à 1860, n'avaient jamais voulu subir la pression des Anglais, pour aucun traité de commerce.

En effet, la République de 1792 a déchiré à coups de canon le traité de 1786.

Napoléon Ier a répondu aux Anglais que, fussent-ils maîtres des hauteurs de Montmartre, ils ne parviendraient jamais à lui faire signer aucun traité de commerce.

Louis XVIII, Charles X, Louis-Philippe Ier et la République de 1848, ont successivement placé l'avenir de la France et particulièrement les moyens d'existence des ouvriers français au-dessus des menaces de l'Angleterre, au-dessus des menées des libre-échangistes, et même au-dessus de la liberté des coalitions et des grèves.

Nos représentants de 1872 se rappellent également qu'au point de vue de la prospérité de l'industrie française, le règne de Napoléon III a eu deux périodes bien différentes l'une de l'autre. Celle de 1850 à 1860 a été bonne, malgré la guerre de Crimée et la guerre d'Italie. La période de 1860 à 1870 a été, au contraire, ruineuse pour plusieurs industries, à cause du traité de commerce portant la date du 23 janvier 1860, bien qu'il ait été imposé à Napoléon III, par l'Angleterre, immédiatement après le congrès des souverains du Nord à Varsovie, c'est-à-dire à la fin de 1859.

La Grande-Bretagne disposant d'immenses capitaux, obtenus par le travail industriel, était sur le point de se joindre aux grandes puissances du Nord, qui voulaient déclarer la guerre à Napoléon III, ainsi qu'à son fameux principe des nationalités, principe dont les conséquences devaient être, plus tard, si fatales à la France.

La signature du traité de commerce avec l'Angleterre, ainsi que notre subite déclaration de guerre aux pauvres Chinois, dans l'intérêt du commerce des Anglais, eurent pour effet de retarder momentanément le danger d'une guerre contre la France, mais non de la conjurer pour toujours.

D'autres causes l'amenèrent bientôt. Inutile de nous étendre sur ces tristes souvenirs !

La guerre de 1870-1871 étant terminée, le traité de 1860 ayant été dénoncé en 1872, et les puissances du Nord ne menaçant plus le nouveau Gouvernement français, il nous semblait que celui-ci, redevenu indépendant vis-à-vis de l'Angleterre, du moins dans notre pensée, n'avait tout d'abord rien de mieux à faire que d'attendre les évènements. Dans tous les cas, il n'y avait pas pour le peuple français, péril en la demeure, puisque, d'après les états de la Douane, et d'après la nature des marchandises faisant l'objet des transactions commerciales, entre la France et l'Angleterre, les Anglais ont beaucoup plus besoin de nous que nous n'avons besoin d'eux.

En effet, le jour où la France voudra avoir la vie à bon marché, elle pourra importer moins de tissus anglais et exporter moins de denrées françaises.

Malheureusement, notre Gouvernement actuel se laisse, comme l'avait fait le Gouvernement précédent (mais cette fois sans motifs connus), entraîner par de prétendues raisons de politique internationale. Il perd sa liberté d'action à son tour, en descendant par degrés, dans les errements de la deuxième période du règne de Napoléon III, contre lesquels errements, nous avons tant de fois protesté, notamment le 10 janvier 1860 (1).

Après un certain nombre de démarches, faites avec une légèreté toute française, il se jette tête baissée, dans la conclusion d'un nouveau traité d'alliance et et de commerce avec la généreuse Angleterre. Il paraît avoir déjà oublié que, pendant toute la durée de nos revers, rien n'est venu indiquer que cette nation ait jamais été notre alliée. Le Gouvernement de la République de 1870 paraît

---

(1) Voir page 231.

aussi avoir complètement oublié ce que l'un de nos plus grands orateurs répétait souvent autrefois. « L'Angleterre, disait-il, se montre toujours bienveillante pour nous. Elle pense sincèrement qu'une alliance aussi intime que celle qui existe entre l'homme et le cheval doit exister entre les Français et les Anglais. » Mais il est indispensable, que le rôle de l'homme soit réservé exclusivement aux sujets de Sa Majesté Britannique.

Quoiqu'il en soit, la dénonciation du traité de 1860 donne lieu, de 1871 à 1873, avant et après cette dénonciation, à de nouvelles négociations, qui durent plus d'une année. Comme d'ordinaire, les Anglais se montrent, avec nos négociateurs, d'une exigence tellement implacable et d'une habileté tellement consommée, qu'ils savent les amener à signer, le 5 novembre 1872, un traité plus onéreux, pour l'industrie française, que ne l'était celui de 1860.

Nous avons cent fois indiqué combien étaient différentes, en France et en Angleterre, les conditions du travail manufacturier. Nous produirons encore de nouveaux renseignements, chaque fois qu'ils nous seront demandés.

En attendant, voici des vérités qui, selon nous, sont incontestables : La filature française, bien qu'elle ne soit inférieure à aucune autre nation, au point de vue de la perfection du travail (nous offrons d'en donner la preuve, en ce qui nous concerne personnellement), a vu diminuer, ou au moins rester stationnaire, son nombre de broches, depuis 1860, par suite des importations de filés et de tissus étrangers. Au contraire la filature anglaise, depuis la même époque, s'est accrue d'environ 6 millions de broches (soit plus que la France n'en possède) servant à alimenter le tissage anglais, principalement pour ses importations en France.

Cependant, notre travail vient d'être encore surchargé et entravé, par de nouveaux impôts de toute nature, dont les Anglais n'ont voulu aucunement tenir compte dans le nouveau traité.

Quant à l'impôt sur les matières premières, que notre Gouvernement persiste à vouloir établir, pour se créer des ressources (assurément inférieures à celles qui seraient résultées du développement du travail industriel de la nation), les Anglais ne veulent également en tenir compte que d'une façon dérisoire.

Ce n'est pas tout encore, les autres puissances qui ont grandi, autant que la France s'est affaiblie depuis 1870, ne veulent accepter de nous que des traités calqués sur le traité Anglais.

Nous marchons ainsi à une décadence industrielle inévitable. On nous a dit pourtant, et on répète encore chaque jour que c'est par le travail que la France doit reconquérir son ancienne situation : mais le travail on lui fait subir une multitude d'impôts, on l'anéantit par de nouvelles conventions douanières, qui ouvrent nos portes aux produits manufacturés de l'étranger, dont les producteurs n'ont pas à payer les intérêts d'une dette accrue, en deux ans, de plus de dix milliards.

Personne n'ignore, cependant, que l'Angleterre doit sa grandeur et sa puissance à la protection accordée à son travail manufacturier ; aussi s'est-elle toujours arrangée de façon à le faire jouir, sous une forme quelconque d'une protection *réellement efficace*. En ce qui concerne la Filature de coton particulièrement, elle a eu soin de n'ouvrir ses portes qu'après s'être assurée qu'elle n'avait plus à redouter aucune introduction venant de l'étranger. même par voie de contrebande.

L'outillage de la filature et du tissage de coton en Angleterre vaut assurément aujourd'hui, plus de deux milliards.

Elle avait commencé par la prohibition la plus absolue, elle a fini par un défi porté à toutes les nations du globe.

En ce moment, les Anglais se montrent d'autant plus heureux de nous voir abandonner les moyens qui leur ont si bien réussi, que les États-Unis, dont l'énorme dette diminue rapidement, en même temps que son industrie se développe, ont depuis 1860, adopté définitivement l'ancien système des Anglais sous la forme de droits presque prohibitifs.

En 1860, comme en 1873, les industriels français se sont bornés à demander à tous les personnages chargés de la défense des intérêts de la France, l'établissement de droits non prohibitifs, non protecteurs, mais *strictement compensateurs des différences de ses charges anciennes et nouvelles*, comparativement aux autres pays de production. Il semble résulter des réponses faites par ces personnages que la France n'est plus un pays libre.

En définitive, l'Assemblée nationale devant être dans un délai prochain, appelée à *décider, en dernier ressort, de l'avenir de l'Industrie française*, le Comité des filateurs de Lille a cru devoir adresser ses réclamations *in extremis* à tous les Députés. Nous regrettons de ne plus voir parmi nous, nos bons amis, les filateurs d'Alsace qui, dans l'enquête parlementaire de 1870, ont contribué à faire ressortir de la façon la plus évidente les véritables intértêts de la France.

Voici quelles ont été les demandes adressées par le Comité des filateurs de Lille, le 29 novembre 1872 au Président de la République, et le 12 février 1873 aux Députés à l'Assemblée nationale :

1° L'application de la loi du 26 juillet dernier , c'est-à-dire la perception réelle, sur les filés et les tissus de coton, venant de l'étranger , de droits compensant l'impôt qui pourrait être perçu sur le coton en laine.

2° Le relèvement des tarifs concernant l'industrie du coton , conformément aux résultats de l'enquête parlementaire de 1870. Cette enquête avait déja prouvé la nécessité de protéger d'une manière plus efficace l'industrie de coton en France, avant qu'il fût question des nombreuses et lourdes charges résultant de la guerre.

Si les tarifs de 1860 ne sont pas relevés, si on ne tient, quant à présent, aucun compte des nouvelles charges résultant de la guerre, l'Assemblée nationale doit au moins vouloir que sa loi du 26 juillet dernier soit prise au sérieux, dans son exécution, et que conséquemment les droits à établir pour compenser l'impôt sur les matières premières, soient réellement compensateurs.

En résumé , on constate avec une vive satisfaction, dans nos centres industriels, que l'Assemblée nationale , qui a donné de nombreuses preuves de sa prudence , paraît peu disposée à modifier, vis-à-vis de l'étranger , la situation de l'industrie française, jusqu'à l'expiration du dernier des traités de Commerce actuellement en vigueur, c'est-à-dire jusqu'en 1877. A cette époque tous ces traités pourront être modifiés simultanément, après une dernière enquête faite en temps opportun. D'ici là les Anglais n'auront certainement point à se plaindre, puisque l'Assemblée nationale se montre disposée à les admettre à jouir des avantages accordés à la nation la plus favorisée.

Dans l'opinion du Comité des Filateurs, les plus grands malheurs pourraient dans les circonstances actuelles, résulter de l'inoccupation d'un grand nombre d'ouvriers appartenant à différentes industries.

H^{ri} LOYER,

Président du Comité des Filateurs de Lille.

Lille, 5 Mars 1873.

LE TRAITÉ FRANCO-ANGLAIS A L'ASSEMBLÉE NATIONALE.

---

10 mars 1873.

La Commission nommée par l'Assemblée nationale pour l'examen des traités avec l'Angleterre et la Belgique, est ainsi composée :

MM. Pouyer-Quertier (Seine-Inférieure), *président*.
Feray (Seine-et-Oise), *vice-président*.
De Montgolfier (Loire), *secrétaire*.
Joubert-Bonnaire (Maine-et-Loire).
Jules Brame (Nord).
Benoist-d'Azy (Nièvre).
Claude (Vosges).
Leurent (Nord).
Germonière (Manche).
Peulvé (Seine-Inférieure).
Flotard (Rhône).
Lambert de Sainte-Croix (Aude).
Cordier (Seine-Inférieure).
Gailly (Ardennes).
Scheurer-Kestner (Seine).

11 mars.

Ayant eu connaissance de ces nominations nous nous empressons d'adresser à M. Pouyer-Quertier, les observations qui précèdent. Nous les avions fait imprimer d'avance pour nous en servir au besoin. Nous désirons connaître avant tout, l'opinion personnelle du président de la Commission.

12 mars.

Nous recevons une lettre ainsi conçue. Son laconisme suffit pour indiquer qu'il y a urgence.

« Paris, 12 mars 1873.

» CHER MONSIEUR ET AMI,

» *Il est important* que les membres de la Commission des traités de Commerce reçoivent *tous* votre brochure. Leurs noms sont dans les journaux.

« Agréez, etc.   » *Signé* : POUYER-QUERTIER. »

13 mars.

Le nouveau traité de Commerce contracté avec l'Angleterre devant être mis à exécution à partir du 15 mars, nous n'avons pas un instant à perdre pour faire parvenir notre brochure à Versailles.

Toutes les adresses étant faites à l'avance, il nous est facile de mettre à la poste un exemplaire pour chacun des membres de la Commission. Nous envoyons également des exemplaires à M. le Président de la République, à MM. les Ministres du Commerce et des Finances, à MM. les négociateurs des traités, et aux députés qui sont considérés comme ayant le plus d'influence.

14 mars.

Le Gouvernement propose à l'Assemblée nationale, vers la fin de la séance de ce jour, l'ajournement de la mise à exécution des nouveaux traités Anglais et Belge. Les nombreuses réclamations présentées par les industriels qui se sont rendus à Versailles (notamment les délégués de notre Chambre syndicale : MM. A. Delesalle, A. Thiriez, J. Schoutteten et Th. Barrois), et par ceux qui, comme nous l'avons fait personnellement, ont envoyé des protestations, n'ont peut-être pas été étrangères à cette proposition d'ajournement.

15 mars.

Voici ce que nous lisons dans le journal l'*Écho du Nord*, de ce jour :

« Dans la séance d'hier, M. Teisserenc de Bort, ministre du Commerce, a déposé un projet de loi, ayant pour but de proroger les tarifs actuels, jusqu'à ce que l'Assemblée ait pu se prononcer sur les projets de traités qui lui sont soumis. L'urgence a été déclarée et le projet renvoyé à la commission des traités.

» Sur les conclusions de M. Pouyer-Quertier, président de cette commission, qui a fait séance tenante un rapport verbal, l'Assemblée nationale a adopté le projet du ministre du Commerce. En voici le texte :

« *Les tarifs conventionnels resteront en vigueur, jusqu'à l'application des tarifs nouveaux, votés ou à voter par l'Assemblée nationale.* »

En terminant, nous faisons des vœux pour que la pensée que nous avons inscrite en tête de ce volume, devienne la règle de conduite de ceux qui seront appelés, dans l'avenir, à présider aux intérêts de l'industrie française.

DOCUMENTS DIVERS

CONVENTION RELATIVE A L'ESCOMPTE SUR LES COTONS FILÉS

— 22 Janvier 1861 —

Les filateurs du rayon de Lille, réunis en Assemblée générale.

Considérant que la diversité des escomptes accordés sur les cotons filés, varie en France de 2 à 8, 13, 16 et 19 %, fait souvent du prix principal un prix fictif, donne naissance à une foule d'abus et d'inconvénients, occasionne des erreurs, se prête à de faux renseignements, rend difficiles les comparaisons de prix entre des produits similaires, surcharge injustement le chiffre de la commission de vente ou d'achat, et crée en définitif en défaveur des filés français, une apparence de cherté qui n'existe pas en réalité, comparativement aux cotons anglais, sur lesquels l'escompte accordé est tellement minime qu'il représente à peine les frais de transport d'Angleterre en France ;

Ont décidé, qu'à partir du 1er Mars prochain, les cotons filés, *d'origine Lilloise*, devront être vendus, sur toutes les places du territoire français, aux conditions de vente ci-après indiquées, chaque filateur demeurant, bien entendu, libre de modifier son prix principal :

Dépôt, commission de vente et ducroire . . . . 3 %
Remise ou Escompte accordé à l'acheteur . . . . 2 %

Paiement, dans Lille, en espèces ou en valeurs de banque, à trente jours de la date de la facture.

Le Compte de vente du dépositaire sera considéré comme une facture, et prendra date du dernier jour du mois dans lequel la vente aura été effectuée.

Transport et emballage à la charge de l'acheteur.

Fait et signé à Lille, le 22 janvier 1861.

Signé : P. DELEBART-MALLET, BOUTRY-DROULERS, P. BOYER et L. BONTE, DESMEDT-WALLAERT, J. THIRIEZ père et fils, J. SCHOUTTETEN, Henri CHARVET, FLAMENT-REBOUX, Edmond Cox, Aug. CATTAERT, Henri BARROIS fils, A. YON fils, A. FRANCHOMME, DEGRIMONPONT-VERNIER et PREVOST, TESSE frères, MALLET frères, BONAMI DEFRESNE frères, VERRIER-DELEPIERRE et Cie, H. DE PACHÉTÈRE et A. FOUQUE, WALLAERT-DESMONS, Th. BARROIS frères, MALLET père, Hri LOYER.

DÉVIDAGE MÉTRIQUE.—DEMANDE DE SON APPLICATION AUX COTONS FILÉS ÉTRANGERS ADMIS A L'IMPORTATION.

— 15 Mars 1861 —

LETTRE ADRESSÉE A MESSIEURS LES PRÉSIDENT ET MEMBRES DU SÉNAT.

MESSIEURS,

Les manufacturiers soussignés, filateurs de coton à Lille , ont l'honneur de réclamer votre puissant concours, pour obtenir du Gouvernement l'application d'une mesure qui ne peut, selon eux, rencontrer aucune opposition.

Il s'agit du dévidage métrique, appliqué aux cotons filés étrangers.

Lorsqu'en 1856, le Gouvernement fit présenter, au Corps législatif, un projet de loi, proposant le retrait des prohibitions, il prit lui-même le soin de faire insérer, dans ce projet, un article ainsi conçu :

« *Les fils de coton importés en paquets, devront être dévidés d'après le sys-*
» *tème métrique. Les fils importés en bobines ou en cannettes devront être*
» *accompagnés d'une échevette dévidée d'après le système métrique avec*
» *indication du N° du fil.* »

« *Le même colis ne pourra contenir que du fil du même N° et de même*
» *espèce.* »

Si le Gouvernement a proposé cette mesure en 1856, c'est qu'il en a reconnu l'utilité.

En effet, depuis plus de 60 ans, tous les Gouvernements qui se sont succédé , en France, ont reconnu la nécessité de l'uniformité des poids et mesures. Napoléon Ier y mit la dernière main en 1812. Une seule exception se prolongea jusqu'en 1819, pour les fils de coton ; mais une ordonnance, datée du 26 mai de ladite année 1819, vint mettre fin à l'exception, et, à la même époque, M. le duc de Cazes, Ministre de l'Intérieur, fit publier une instruction commençant par ces mots :

« *Depuis plusieurs années, le Gouvernement ne voyait pas sans peine que,*
» *tandis que l'uniformité des mesures était généralement établie, les filatures*
» *de coton seules continuaient de prendre pour règle de la longueur et du poids*
» *de leurs écheveaux, l'ancienne aune de Paris, l'ancienne livre poids*
» *marc, etc.* »

« *Le Roi a pourvu à ces inconvénients, par son ordonnance du 26 Mai*
» *1819, en exécution de laquelle on va expliquer ici les règles qui devront*
» *être observées dorénavant dans les filatures, pour fixer la longueur et le*
» *poids des fils de coton, et les cannettes à un mode uniforme de numérotage*
» *qui, de quelque fabrique que proviennent ces fils, fera connaître immédia-*
» *tement leur degré de finesse.* »

Suivent les prescriptions réglementaires.

Ces prescriptions ont toujours été observées, depuis 1819, pour les cotons filés français, et elles ont rendu, dès lors, impossibles les tromperies qui se pratiquaient autrefois sur ces fils de coton et donnaient lieu à une foule de contestations dans lesquelles la loyauté n'avait pas toujours le dessus.

En France, l'écheveau de coton mesure une longueur de 1000 mètres et se dévide en 700 tours sur un dévidoir dont la circonférençe est d'environ 1 mètre 43 centimètres.

En Angleterre, l'écheveau se compose d'une longueur de 767 mètres, dévidés en 560 tours, sur un périmètre de 1 mètre 37 centimètres.

L'écheveau français se dévide plus mal que l'écheveau anglais, parce que toutes les conditions dans lesquelles le premier est établi lui sont désavantageuses : Périmètre plus grand, nombre de mètres plus considérable, tours beaucoup plus nombreux.

Or, tout le monde sait combien un écheveau de fil, qui se dévide mal, occasionne de perte et d'ennui au tisseur.

Le projet de loi de 1856 prouve que l'on avait parfaitement compris à cette époque, que l'on ne pouvait sans commettre une grande injustice, obliger la filature française à dévider ses produits dans des conditions telles que sur son propre marché, la préférence serait acquise d'avance au produit étranger

Les soussignés se croient donc autorisés à demander que les filateurs français, *sur leur propre marché*, ne soient pas moins favorisés que les filateurs étrangers.

Nous avons, etc.

Suivent les signatures des filateurs de Lille

____

NOMS DES FILATEURS DE COTON, A LILLE, ROUBAIX ET TOURCOING EN 1808-1810.

Liste due à l'obligeance de M. Scrive-Bigo *qui a bien voulu en faire le relevé dans la comptabilité de M*me Ve Scrive, *son aïeule, fabricante de cardes, à Lille.*

LILLE

MM. Raoust.
Mille frères.
Flamen-Deron.
Flamen et fils.
Demailly.
Thuys et Serret.
Lefebvre-Ghesquière.
Perrier et Cie.
Fiévet et Cie.
Bachy et Duforet.
Lebon.

MM. Pollet.
Collard.
Faucile.
Roussel-Picard.
Marisal aîné.
Cornille.
Fremaux-Pollet.
Delos.
Peuvion.
Duchâtel.
Ve Barrois et fils.

ROUBAIX

MM. Delerue-Florin.
Defrenne.
Requillart-Barot.
Bayard-Lefebvre.
Dervaux-Bulteau.
Bresart-Desaint.
Holbecq-Reuflet.
Delaoutre-Ledoux.
Defrenne-Dervaux.
Carlos Florin.
Th. Delaoutre.
Aug. Devulf.
Prouvost frères.

TOURCOING

MM. Duriez et Duthoit.
Philipo-Delbecq.
Delbecq et Delannoy.
Libert-Desurmont.
Destombes-Desurmont.
Leloir et Cie.
Delcourt-Florin.
Desurmont frères.

FILATEURS A LILLE, EN 1832
Copie d'une liste dont l'auteur est inconnu.

	NOMBRE de broches en fin	Broches à retordre	
		Continus	Mull-Jennys
		MÉTIERS	
49 MM. Deschodt . . . ★	6048		
34 Vantroyen et Mallet ★	4758	12	
75 A. Mille . . . ★	7812		
30 Delesalle-Desmedt ★	3240		
21 Mulié . . . . ★	3888		
8 Carlier frères. . .	1728		
86 Leblan . . . . ★	8424		7
70 Toussin . . . . ★	11000		
30 Duplessis . . . ★	3456		
27 Blondeau . . . ★	5000		
10 Courrière	1364		
17 Rennuit.	1700		
10 Sellier . . . . ★	2600		
30 Tesse	3888		
Favre	1512		
5 Novion	1080		
34 Lambry-Scrive . ★	3400		
108 Degrimonpont et Veruier ★	11664		
21 Ryckelinck. . . .	2600		
21 Hernu-Gylles . . .	3024		
36 Roussel-Piquart . .	3900		
17 Thiriez	2600		
25 Courbon frères . ★	3672		
Moreau . . . . ★	4752		
12 Gilles	1516		
15 Ch. Lambert . . ★	5184		
43 L. Desmons . . ★	5184		
30 Flamen-Deron (1). .	3000		
10 Carpentier	1512		
72 Wallaert-Desmons ★	9924		
A reporter.	129430		

(1) Filateur de 1798 à 1844, aïeul de l'auteur de ce recueil.

Suite de la liste de 1832.

		NOMBRE de broches en fin	Broches à retordre	
			Continus	Mull-Jennys
			MÉTIERS	
	Report.	129430		
15	Wallaert frère et sœurs.	2808		
21	Droulers . . . ★	2600		
20	Mahieu Poupart . .	3000		
34	Flamen fils et Boutry	3456		
12	Jonglez.	2592		
19	Periez-Favier . . ★	2160		5
14	Reboux. . . . ★	2808		
15	Delos	2600		6
10	Atkins	1296		
100	Barrois frères . . ★	10216		
43	Desmedt-Wallaert ★	5400		
	Tesse-Petit. . . ★	2376		
12	Lecomte	1512	5	2
6	Ledoux.	696		
	Desurmont. . . .	„		
12	Yon . . . . . ★	3000		6
14	Petit.	1296		
10	Fretin	2160		
	Hayen	„		
	Sauvage	„		7
	Duthoit.	„		8
	Dassonville. . . .	„		6
	Desnotiers	„		5
	Delau	600		
	Lesaffre.	600		
		180606		

La liste que l'on vient de lire est suivie des renseignements
ci-après :

50 filatures de coton ensemble 180,000 broches.
70 à 80 Mull-Jenny à retordre.

25 à 30 métiers continus (un assez bon nombre en construction).

17 filatures possédant des machines à vapeur.

7 occupées à en établir.

Dans les faubourgs 4 établissements : 12 à 13,000 broches.

On peut estimer à 50 le nombre de continus, tant en activité qu'en construction.

Dans notre ville, la dépense d'un établissement de filature en bâtiments et matériel, égale précisément la valeur de sa production annuelle (en moyenne).

Le document ci-dessus exige quelques mots d'explication :

Le nombre de broches de M. Desurmont filateur, n'a pas été indiqué dans la note qui précède.

MM. Hayen, Sauvage, Duthoit, Dassonville, Desnotiers, étaient des retordeurs et non des filateurs. Telle est assurément la cause de la non-indication de leur nombre de broches.

Les chiffres placés *avant les noms* rappellent probablement la somme versée, par chaque filateur, pour une souscription faite dans un but d'intérêt commun.

Les astérisques placés *après les noms* désignent, croyons-nous, les propriétaires des machines à vapeur dont il est question dans les notes de 1832.

En 1817, si nos renseignements sont exacts, il existait dans le groupe industriel de Lille, 86 filatures de coton, qui étaient mises en mouvement, soit par les ouvriers eux-mêmes, soit par des chevaux attelés à des manéges.

En 1818, la première machine à vapeur (que l'on appelait alors *pompe à feu*), ayant pour destination la mise en mouvement d'une filature à Lille, fut commandée en Angleterre, par M. Aug. Mille. — M. Pierre Boyer fut envoyé en France, par ses patrons, pour monter cette machine, (ce genre d'opération prenait alors plus d'une année). En 1820, ce fut aussi M. Boyer qui monta une machine à vapeur, dans la fabrique de cardes de M. Scrive-Labbe ; puis, ayant reçu des encouragements et des commandes, il vint s'installer définitivement à Lille, où il fonda un atelier de construction pour son propre compte.

Dès 1832, l'Industrie de la filature de coton lilloise, divisée en 50 établissements, avait le bonheur de posséder les 24 machines à vapeur, indiquées par des astérisques sur la liste qui précède.

Les 26 filateurs qui ne possédaient pas encore de machines à vapeur, ou qui n'avaient pas de chevaux, étaient forcés d'envoyer leurs contre-maitres recruter des hommes de peine, pour tourner *à force de bras* les cardes et les autres machines de préparation. Habituellement ces hommes de peine se réunissaient sur la grande place d'Armes, et lorsqu'ils étaient peu nombreux, les contre-maitres devaient, pour les décider à les suivre, leur offrir un supplément *en patards* ou en *verres de bière*. Quant à l'ouvrier fileur, l'importance de son salaire de chaque jour dépendait surtout du degré de sa force musculaire.

31 Décembre 1849.

SITUATION DE LA FILATURE DE COTON A LILLE

Recensement fait par les membres du Comité.

		BROCHES à filer.	BROCHES à retordre
1	MM. Th. Barrois frères	10800	864
2	H. Barrois	15000	2000
3	Tesse-Petit	8000	4500
4	Wallaert frères et Desmedt	10164	2592
5	Desmedt-Wallaert	6700	"
6	Cox.	12000	2000
7	Prouvost	6000	2000
8	Mille	6000	"
9	Toussin	17280	7800
10	J.-B. Defrenne	10800	4320
11	Vantroyen et Mallet	10248	6213
12	Wallaert-Desmons	15112	"
13	L. Desmons	5700	1500
14	Courbon frères	11880	5295
15	Defrenne frères	7875	5000
16	Sarrasin-Cattaert	5400	650
17	Boutry-Flamen	6500	"
18	Delesalle-Desmedt	9000	"
19	B. Pourrez	2160	1800
20	Flament-Reboux	5200	1728
21	Lambry-Scrive	2160	1648
22	Vernier	8640	2710
23	Degrimonpont	6480	1884
24	H. Loyer	4200	2300
25	Courmont	4600	600
26	Lefebvre-Horrent frères	6000	2700
27	Thiriez et Cie	7500	1016
	Augmentation dans diverses filatures	9611	
	Total.	231010	61120

15 Septembre 1856.

SITUATION DE LA FILATURE DE LILLE

Recensement fait par les membres du Comité.

RAISON DE COMMERCE	LOCALITÉ	Fondation et derniers agrandisse-ments	NOMBRE DE broches à filer	NOMBRE DE broches à retordre	FORCE MOTRIO
MM.					
1. H. Barrois	Lille.	1808-1847	25000	3000	36 chev
2. T. Barrois Frères	Fives lez-Lille.	1836-1853	13320	1928	40 »
3. Boutry-Flamen	Lille.	1819-1852	7000	fait retor-dre dehors	20 »
4. P. Boyer et L. Bonte	Loos.	1853	13000	1400	40 »
5. H. Charvet	Lille.	1854	10812	3924	16 »
6. Contrain fils et Bernard	Moulins-Lille.	1854	3300	1595	10 »
7. Courbon frères	Lille.	1825-1854	12096	4846	25 »
8. E. Cox	La Louvière-lez-Lille.	1834-1854	12000	2000	30 »
9. J.-B. Defrenne	Lille.	1834-1840	12000	4000	20 «
10. Bonami Defrenne frères	»	1816-1837	8500	3636	30 »
11. Degrimonpont-Vernier et Cie	»	1816-1854	12500	2960	30 »
12. Delebart et Lardemer	»	1850-1853	12096	2080	22 »
13. Delesalle-Desmedt	»	1816-1842	10000	fait retor-dre dehors	16 »
14. D. Derrevaux et Cie	Wazemmes.	1852	10000	5000	20 »
15. Desmedt-Wallaert	Lille.	1807-1850	7000	500	8 »
16. Flament-Courbon	»	1852-1854	6000	1000	15 »
17. Flament-Reboux	»	1820-1840	5000	2000	20 »
18. Lambry Scrive et fils	»	1826-1855	3000	2000	8 »
19. Lefebvre-Horrent frères	Wazemmes.	1843-1855	12000	4700	36 »
20 H. Loyer	»	1842-1856	12000	3700	40 »
21. Mallet frères	Esquermes.	1853-1856	18000	7500	60 »
22. A. Mille	Lille.	1808-1834	6600	»	10 »
23. Marchand et Lambert	Wazemmes.	1852	5400	1800	16 »
24. B. Pourrez	Lille.	1835-1851	6084	6160	34 »
25. A. Prouvost	Fives lez-Lille.	1839-1849	13000	5000	30 »
26. Sapin-Comère	Lille.	1854	3240	1300	10 »
27. Sarazin-Cattaert	»	1800-1839	7500	1300	10 »
28. Sarazin-Cauvin	»	1845-1852	6000	500	12 »
29. J. Schoutteten	»	1856	en cons-truction	»	» »
30. Tesse frères	»	1819-1855	10000	5000	36 »
31. A. Thiriez fils ainé	Esquermes.	1854	4032	1824	16 »
32. J. Thiriez et Cie	»	1832-1847	7980	2604	15 »
33. Van Remoortère Sénélar et Cie	La Madeleine lez-Lille.	1853-1855	8000	2592	25 »
34. Vantroyen frères	Ssint-Maurice lez-Lille.	1854-1856	5000	4260	20 »
35. Vernier-Vanhoenacker	Lille.	1822-1840	9000	3000	20 »
36. Wallaert-Desmons	»	1818-1855	20000	2800	28 »
37. Wallaert frères et Desmedt	»	1838	11670	5104	13 »
38. A. You	Lille et Haubourdin.	1830-1849	4500	2000	20 »
39. Toussin	Lille.	1825-1849	18000	7000	10 »
Retordeurs	»	époques di-verses	»	32488	65 »
			370630	142501	

31 Décembre 1859.

SITUATION DE LA FILATURE DE LILLE

Recensement fait par les membres du Comité.

		NOMBRE de broches à filer.	NOMBRE de broches à retordre.
1 MM.	Delebart-Mallet . . . . . Lille.	14000	3000
2	H. Charvet . . . . . id.	18000	1400
3	De Pachetère. . . . . id.	6500	»
4	A. Mille . . . . . . id.	10067	»
5	H. Loyer . . . . . . id.	16000	6000
6	Mallet frères . . . . . id.	22500	9800
7	Thiriez . . . . id.	14000	7000
8	Wallaert frères et Desmedt id.	11676	1080
9	Boutry-Droulers . . . . id.	14400	2000
10	Degrimonpont et Prevost . id.	16040	2384
11	Franchomme. . . . . id.	8000	»
12	Folliot-Pourrez (2 filatur.). id.	14100	4140
13	Lardemer frères. . . . id.	5380	2418
14	Couailhac-Boyer . . . . id.	8160	2340
15	Courbon frères . . . . id.	13496	4839
16	Cattaert . . . . . . id.	8000	2000
17	Van-Remoortère . La Madeleine.	14732	648
18	Delesalle-Desmedt . . . Lille.	17572	8934
19	Tesse frères . . . . . id.	13500	7500
20	A. Prouvost . . . . . id.	12000	5000
21	Wallaert-Desmons . . . id.	21500	»
22	Marchand et Lambert . . id.	5400	1764
23	Flament-Courbon. . . . id.	7000	2000
24	G. Toussin . . . . . id.	14500	8000
25	B. Defresne frères . . . id.	12000	5000
26	H. Barrois . . . . . id.	26000	3600
27	Th. Barrois . . . . . id.	22000	
	A reporter	366523	90847

Suite de la liste du 31 Décembre 1859.

			NOMBRE de broches à filer	NOMBRE de broches à retordre
	Report.		366523	90847
28	Schoutteten	id.	6800	1920
29	Vantroyen frères. . . .	id.	7000	7000
30	Ed. Cox	id.	12000	4000
31	Lefebvre-Horrent frères .	id.	16000	8000
32	D. Derrevaux et Cie. . .	id.	11000	6000
33	Yon.	id.	6000	3000
34	Bastenaire.	Loos.	2600	1200
35	Flament-Reboux	Lille.	8000	2000
36	Boyer et Bonte	Loos.	13000	4000
37	Cantrain fils	Lille.	4000	1600
38	B. Defrenne frères . . .	id.	12000	5000
39	Lambry-Scrive . Lille et Loos.		6000	3000
40	B. Pourrez	Lille.	7000	10000
41	Sapin-Comère.	id.	4400	»
42	Vernier.	id.	10000	5000
43	1 Filateur non dénommé . . .		8901	»
	Total des broches à filer. . .		501224	152567

Retordeurs à Lille

1 MM.	Vaniscotte et Gambelin.	7.000	
2	Godfrin.	7.000	
3	Duthoit.	7.000	
4	Lemaire	5.500	
5	Petit.	2.500	
6	Mil-Duprez.	1.600	
7	Messire.	4.000	50000
8	Vanoutrive.	3.500	
9	Rue St-Genois.	2.000	
10	Dupont.	3.000	
11	A. Dupont.	2.000	
12	Chartiau	2.000	
13	Meghens	1.700	
14	Divers	1.200	
	Total des broches à retordre, à Lille . .		202567

Filature de Roubaix.

Suite du recensement du 31 Décembre 1859.

		NOMBRE de broches à filer	NOMBRE de broches à retordre
1 MM.	Mimerel	11040	4500
2	Motte-Bossut	44000	17000
3	Motte et Descourt	10000	4500
4	E. Motte	11000	4000
5	Charpentier-Delattre	4600	2000
6	Wibaux	22000	10000
7	Duriez fils	16000	7000
8	Florin-Wattine	8000	2000
9	Grimonprez-Bossut	7000	3000
10	Bossut-Grimonprez	9000	2000
11	Ed. Florin	7000	3000
12	G. Parent	6000	3000
		155640	62000

Département du Nord.

SITUATION AU 31 DÉCEMBRE 1859.

	BROCHES à filer.	BROCHES à retordre.
Lille	501224	202567
Roubaix	155640	62000
Tourcoing	112452	45182
Armentières	24600	3400
	793916	313149

Broches à filer et à retordre. . . . 1,107,065

Situation de la Filature de Lille

— 11 Octobre 1869 —

Recensement fait par les membres du Comité.

			Nombre de broches à filer y compris celles en chômage
1	MM.	Th. Barrois frères	22.000
2		L. Bastenaire (Loos)	8.500
3		L. Bonte-Boyer id.	14.000
4		Boutry-Droulers.	21.600
5		Courbon frères	13.496
6		Ed. Cox (Fives).	14.000
7		L. et E. Crépy frères.	12.608
8		J.-B. Defrenne	12.000
9		Delebart-Mallet	23.500
10		Delebart et Dannay	7.200
11		Delesalle-Desmedt	20.000
12		A. Delesalle (La Madeleine).	13.000
13		De Pachtère.	5.000
14		D. Derrevaux	12.000
15		Deswartes et Cie.	4.472
16		Flament-Courbon	7.000
17		Fontaine-Flament	7.400
18		Franchomme.	9.500
19		Lambry	5.000
20		Leblan frères	18.376
21		Lefebvre-Horrent frères	19.700
22		H. Loyer.	17.000
23		Mallet frères.	33.580
24		A. Mille	14.000
25		Sapin fils.	26.000
26		J. Schoutteten	8.360
27		J. Thiriez père et fils	40.000
28		Toussin	15.000
29		Verstraete-Delebart	8.000
30		Wallaert frères	50.200
31		Yon et Rémy	13.000

Total :   31 Filatures. 495.492

A déduire : 5   »   en chômage total. . . . . 75.280 ⎞

Reste :   26   »   en activité.   ⎬ 145.492

Nombre de broches en chômage dans ces 26 filatures. 70.212 ⎠

Nombre de broches en activité. . . . 350.000

ENQUÊTE DE 1860.

TABLEAU COMPARATIF

DES DIFFÉRENCES DANS LES CONDITIONS DE LA PRODUCTION, EN 1859, ENTRE DEUX FILATURES MONTÉES DES MÊMES MACHINES, ET PLACÉES, L'UNE EN FRANCE, L'AUTRE EN ANGLETERRE, ET FILANT LES NUMÉROS FINS.

CHIFFRE D'AFFAIRES.

La production annuelle d'un établissement composé de 10,000 broches à filer et de 7,200 broches à retordre, au métier continu, en N° 170 anglais (143 $^m/_m$) retors gazé, pour tulle, est de 14,419 kilogr. correspondant à 15,600 paquets de 2 livres anglaises (907 grammes.)

Ces 15,600 paquets comptés au prix moyen de 6 schellings 3 deniers la livre (cours de 1859 à Nottingham), représentent une valeur de £ 9,750. » soit en monnaie française au change de fr. 25, 20 . . . . . . 245,700 »

Escompte de 2 1/2 pour 100 . . . . . 6,142 50

Le chiffre d'affaires de l'année est donc de 239,557 50
Et le prix net d'un paquet de 2 livres anglaises, en N° 170, de. 15 35 1/3

COTON EN LAINE.

L'Angleterre recevant, chaque année, près des 4/5mes de la récolte du coton Géorgie longue soie d'Amérique (sea Island), surtout les qualités supérieures, les filateurs de Lille, sont, la plupart du temps, forcés d'acheter leur matière première à Liverpool.

Pour faire 15,600 paquets de 907 grammes, il faut employer 22,640 kilog. (49,920 livres anglaises) de coton Géorgie longue soie. La freinte ou déchet, pendant toutes les opérations de la fabrication, est estimée à 47 1/2 pour 100.

Achats faits à Liverpool

Éléments pris sur les factures de 1859.

49,920 livres sea Island (Géorgie longue soie) à 21 deniers la livre £ 4,368. ». »

Escompte de 100 jours. . . 59.16. 6

4,308. 3. 6

Courtage 1 1/2 pour 100 . . 21.16.10

A reporter. . . . . 4,330. ». 4

Report . . . . .   £ 4,330. ». 4

Valeur commune aux filateurs français et anglais au change
de 25 fr. pour le filateur anglais. . . . fr. 108,250 40

*Frais à supporter en plus par le filateur français pour
commission d'achat, embarquement et autres frais
à Liverpool.*

Charroi, portefaix, timbre, connaissement, droits de
quai, de ville, etc., expédition . . . £ 10.13.4
Assurance maritime, police, environ . » 10. ».»
Commission, 2 pour 100 . . . . . » 88. 4.2   108.17. 6

£ 4,438.17.10

Les £ 4,438 17.10 au change moyen de fr. 25,20 = fr. 111,860 07

Autres frais à l'arrivée en France.

Droits de douane : Poids net k. 22,640.

Droit principal par 100 k. . . . fr. 20 »
Pavillon ou droits différentiels. » 5 » } 25 »
Deux dixièmes . . . . . . » 5 » } 30 »

22,640 kil. à 30 fr. les 100 . fr. 6,792 »
  Escompte 1 pour 100 . » 67 92

  » 6,724 08
Permis et timbres » 10 » } 6,734 08
Transport de Liverpool à Lille, fr.
  60-50 les 100. . . . . fr. 1,427 80 } 8,211 88
Ouverture des balles, raccommodage
  commission de transit, port de lettres » 50 »

Total à la charge du filateur français . . . . . fr. 120,071 95
L'anglais n'a dû payer que. . . . . » 108,250 40

Différence en faveur de l'anglais . . . . . . » 11,821 55
soit *sur le chiffre d'affaires* de fr. 239,557 50 ci-dessus   4.93 °/o

IMPORTANCE DES ÉTABLISSEMENTS.

En France (à Lille), la moyenne du nombre des
broches, composant un établissement de filature, est de
10,000 broches à filer et de 7,200 broches à retordre,
ensemble 17,200 broches.

A reporter. . . . 11,821 55   4.93 °/o

Report.   11,821 55   4 93 %

En Angleterre, pour la filature de cotons fins, la moyenne n'est pas moindre de 40,000 broches à filer et de 28,800 broches à retordre, ensemble 68,800 broches.

Cette disproportion est due principalement à l'inégalité des fortunes des deux côtés du détroit, à l'ancienneté de l'industrie anglaise, aux immenses débouchés qu'elle possède, *à la protection toujours efficace* que lui accorde son gouvernement et à mille autres causes, qu'il est impossible de traduire par des chiffres.

Mais nous sommes en mesure d'établir une comparaison, en ce qui concerne le personnel des employés, les frais de premier établissement, la consommation du charbon et certaines dépenses d'entretien et de main-d'œuvre. Cette comparaison, bien entendu, ne peut être faite sans tenir compte de la disproportion des établissements.

Personnel.

En France, indépendamment du patron, un personnel, composé comme suit est nécessaire pour faire fonctionner l'établissement :

1 contre-maître . . .	fr.	2,500	
2 surveillants à 1,200 fr.	»	2,400	
2 employés de bureau .	»	2,400	
1 chauffeur-mécanicien .	»	1,500	10,400 »
1 homme de peine . .	»	800	
1 portier	»	800	

En Angleterre, la moyenne du nombre des broches étant de 40,000 broches à filer et de 28,800 broches à retordre (ensemble 68,800 broches), le personnel des employés se compose de :

1 directeur	fr.	3,500
3 surveillants ou contre-maîtres (1,500)	fr.	4,500
3 employés de bureau à 1,200 fr.	»	3,600
1 chauffeur-mécanicien . . .	»	2,000
1 chauffeur faiseur de feu . .	»	900
2 hommes de peine	»	1,800
1 portier	»	800
Total. . . .	»	17,100

A Reporter. 10,400   11,821 55   4 93 %

Report. . . .	10,400	»	11,821 55	4 93 °/₀

Soit, par fraction de 17,200 broches comme ci-dessus, le quart du total ou . . 4,275 »

Différence. . . . . 6,125 »   6,125 »   2 55

FRAIS DE PREMIER ÉTABLISSEMENT.

En France, ces frais comprenant terrain, bâtiments, machine à vapeur, machines et métiers à préparer, filer, retordre, gazer, cylindrer, appareils d'éclairage, de chauffage, etc., coûtent pour 10,000 broches à filer et 7,200 broches à retordre, suivant l'état détaillé, ci-joint . . . . fr. 684,886 »

En Angleterre, terrain, bâtiments, machines, métiers et appareils semblables pour
40,000 broc. à filer à f. 25 l'une, 1,000,000
28,800 broc. à ret. à 16 f. 50 l'une 475,200

reviennent au
maximum pour les 68,800 broc. à 1,475,200

Soit proportionnellement pour
17,200 broches ou le quart. fr.   368,800   368,800 »

Différence sur le capital. . . . 316,086 »

Intérêts.

Pour le filateur français :
Prix de sa manufacture, fr. 684,886
Son fonds de roulement.   200,000

884,886 à 6 °/₀   53,093 15

Pour le filateur anglais :
Prix de sa manuf. (le quart) 368,800
Son fonds de roulement
400,000 fr. (le quart). . 100,000

468,800 à 4 °/₀   18,752 »

Différence sur les intérêts. . 34,341 15   34,341 15   14 33

Dépréciation annuelle ou amortissement.
Pour le français . . . fr. 684,886 à 6 °/₀   41,093 15
Pour l'anglais. . . . » 368,800 à 6 °/₀   22,128 »

Différence sur la dépréciation. . 18,965 15   18,965 15   7 92

A reporter. .   71,252 85   29 73 °/₀

Report. . 71,252 85 29 73 %

CHARBON DE TERRE.

10,800 hectolitres de charbon sont employés, par année, tant pour la force motrice que pour le chauffage et l'éclairage des ateliers d'une filature de 10,000 broch. à filer et 7,200 broches à retordre.

Ces 10,800 hectolitres coûtent en France, à Lille, 1,80 l'hectolitre, soit . . . . 19,440 »

Un établissement de 40,000 broches à filer et de 28,800 broches à retordre, consomme au maximum 37,800 hectolitres.

En Angleterre 37,800 hect. coûtent à 60 c. l'un . . . . . fr. 22,680
soit par fraction 17,200 broches isolées. 5,670   5,670 »

Différence sur le charbon. 13,770 »   13,770 » 5 75

DÉPENSES D'ENTRETIEN ET AUTRES FRAIS.

Différence dans les prix des objets servant à l'entretien d'une filature ou devant compter dans les frais généraux, tels que pièces de mécanique détachées, fer, fonte, cuivre, fer-blanc, bois, graisse, huile, cordes, garnitures de cardes, courroies, peaux, brosses, cylindres, bobines, tubes, assurances, gaz, transports divers, contributions, ports de lettres, etc. fr.   17,500 » 7 72

MAIN-D'ŒUVRE.

Les ouvriers anglais, qui généralement sont d'une plus forte complexion que les nôtres, n'ont jamais eu depuis leur enfance d'autre occupation que le genre de travail auquel ils sont employés dans chaque filature, aussi sont-ils devenus d'une habileté telle qu'ils font beaucoup plus de travail que nos ouvriers dans un temps moindre. Notamment les fileurs sont aptes, en Angleterre, à conduire un nombre de broches beaucoup plus considérable que ne peuvent le faire nos ouvriers.

A reporter. 102,522 85 43 20 %

Report. . 102,522 85   43 20 %

La filature anglaise, pour les numéros fins, consomme quatre fois plus de coton Géorgie longue soie, que la filature française ; sa production et ses débouchés sont donc quatre fois plus considérables; il en résulte que les filateurs anglais peuvent monter leurs assortiments de machines de préparation et de métiers, de manière à ce que chacun de ces assortiments produise toujours une même série de fil de coton et souvent un seul numéro. Les filateurs français, dont la vente est limitée et essentiellement variable, quant au numéro demandé dans les cotons fins, sont au contraire forcés de filer, sur un même assortiment de machines, trois ou quatre séries de N⁰ˢ et de genres différents. Il en résulte pour la filature française une grande perte de temps, un déchet relativement plus considérable, et un travail intellectuel plus pénible qui oblige presque toujours le patron à devoir se charger lui-même de la direction de l'établissement, contrairement à ce qui a lieu en Angleterre, où le filateur est avant tout un capitaliste.

Nous avons la certitude que nous restons au-dessous de la vérité en ne comptant, pour toutes les causes que nous venons d'énumérer, qu'une différence de . . . . fr. 17,000 „ 7 10

Total des différences dans les conditions de la production . . . . „ 119,522 85   50 30 %

(1).

---

(1) Le traité contracté entre la France et l'Angleterre, le 23 Janvier 1860, autorisait le Gouvernement français à exiger l'application d'un droit de 30 %, lors de l'introduction des filés anglais, il importait donc que le Gouvernement fût armé de chiffres destinés à démontrer aux Anglais la nécessité de ne rien diminuer sur ce droit de 30 %.

Plusieurs membres du Comité ayant donné l'assurance que leur production annuelle ne dépassait pas 14,419 k. de coton retors en N⁰ 170 anglais, pour 10,000 broches à filer et 7,200 broches à retordre, le Comité a adopté ce chiffre de production pour servir de base à l'auteur de ce recueil, dans la dépositon qu'il serait chargé de faire lors de l'enquête gouvernementale de 1860. Le Comité a ensuite adopté, dans sa seance du 15 mars 1860, le tableau ci dessus et notamment le résultat de 50 % d'écart basé sur une production de 14,419 kilog.

Les filateurs d'Alsace et de Normandie, qui, à la même époque, s'étaient transportés en Angleterre pour se rendre compte des différences de la fabrication dans les deux pays, ont prouvé dans l'enquête de 1860, que l'alimentation d'une broche à filer coûtait annuellement pour tous frais (matière première non comprise), 8 fr. au filateur anglais, contre 14 fr. au filateur français, soit une différence de 44 % applicable au fil de coton simple.

L'écart de 50 % indiqué par le Comité des filateurs de Lille, se divisait en deux parties, savoir: 34 % applicables à la production du fil de coton simple, et 16 % pour retordage, gazage, dévidage, etc.

QUOTITÉ PAR KILOGRAMME DE FIL,

DE CHACUNE DES DIFFÉRENCES INDIQUÉES DANS LE TABLEAU COMPARATIF CI-DESSUS

	DIFFÉRENCES	PAR KILOG.
	sur un chiffre de vente net de 239,557 fr. 50.	de N° 170
Coton en laine.	11,821 fr.	0 fr. 835
Employés	6,125	0 433
Frais de 1ᵉʳ établissement, intérêts.	34,341	2 427
Dépréciation annuelle . . .	18,965	1 340
Houille	13,770	0 973
Entretien et autres frais. . .	17,500	1 485
Main-d'œuvre	17,000	1 201
	119,522	8 694

Première remarque.

Il résulte des tableaux ci-dessus, qu'entre deux filatures, *montées des mêmes machines*, et situées l'une en France et l'autre en Angleterre, les différences de la production s'élèvent à une somme de 119,522 fr.

Cette somme, divisée par le nombre de paquets produits par chacun des deux établissements, porte la différence du prix de revient à fr. 7,65 par chaque paquet de 907 grammes en N° 170, ci . . . . fr. 7 65

Le prix de vente à Nottingham étant 6 schellings 3 deniers la livre, au change de 25,20 et de 2 1/2 d'escompte, soit pour le paquet de 907 grammes net. . . . . fr. 15 35

on trouve que le filateur français doit vendre sur son propre marché,
à un prix de . . . . fr. 24 35
moins pour escompte et commission 5 1/2 % . . 1 35

Reste . . . . . fr. 23 „ fr. 23 „

. Ce prix de 23 francs établit réellement l'équilibre entre le produit français et le produit anglais, sur le marché français.

Selon les bases indiquées, l'importance moyenne de la filature anglaise étant quatre fois plus considérable que celle de la filature française, l'industriel anglais, quoique vendant au prix de 15,35 le même produit que l'industriel français fait payer 23 francs, gagne encore quatre fois plus que ce dernier, ce qui lui permet, dans beaucoup d'occasions, de faire sur son prix ordinaire un sacrifice facile.

Deuxième remarque.

Tous les calculs ci-dessus ayant été établis, en prenant *les mêmes moyens mécaniques* de production pour la France et pour l'Angleterre, le reproche peu bienveillant adressé aux filateurs français d'être arriérés, d'être mal montés, d'être moins habiles, etc., tombe de lui-même. Cette accusation n'est véritablement pas méritée.

En réalité, les causes de l'infériorité matérielle qui existe, pour la filature de coton en France, comparativement à l'Angleterre, ne peuvent être mises à la charge des industriels français.

Cette infériorité est occasionnée par des circonstances indépendantes de leur volonté ; elle est due notamment :

A la nature, pour le bas prix de la houille, des métaux, des machines et d'une infinité d'autres objets que le bon marché de la houille permet de produir e à des conditions avantageuses.

Aux différences d'institutions, pour les droits sur les matières premières, les droits de succession, les contributions, etc.

A la différence de l'intérêt de l'argent, par suite de l'abondance des capitaux et des établissements de crédit en Angleterre.

A la facilité et au bas prix du transport des marchandises.

A l'importance des fortunes, des manufactures, de la marine et du commerce général, qui sont infiniment plus considérables en Angleterre qu'en France.

A l'ancienneté de la filature anglaise et particulièrement à la *population ouvrière* spéciale et habile qui s'en occupe.

A l'absence de toute contrebande, laquelle est rendue impossible sur le territoire anglais, par le bas prix des cotons filés et des tissus.

Malheureusement nos remarques ne sont pas basées sur des théories ; pour le prouver, nous ne citerons qu'un seul fait parmi ceux que l'on peut rencontrer dans la pratique.

Une maison anglaise fort connue a, depuis longtemps déjà, fondé deux établissements semblables, qui ont été placés, l'un à Saint-Quentin, l'autre en Angleterre ; ils comprennent les deux branches de fabrication c'est-à-dire la filature du coton et le tissage du tulle. L'établissement d'Angleterre a produit des bénéfices magnifiques ; l'établissement de Saint-Quentin n'a, au contraire, donné que de tristes résultats, bien que son installation ait coûté plusieurs millions de fr.

Nous avons appris avec la plus grande satisfaction que, dans ces derniers temps, M. Ernest Baroche, fils de M. le Ministre du Commerce, a visité l'établissement français, nous espérons donc que le gouvernement pourra se rendre compte de la sincérité de nos déclarations *(Voir page 222).*

ENQUÊTE DE 1860

DÉPENSE DE PREMIER ÉTABLISSEMENT

DANS L'INTÉRIEUR DE LILLE, EN 1859

Pour une Filature de coton faisant les N°s 170 anglais, retors 2 fils, composée de 10,200 broches à filer et de 7,200 broches à retordre

DEVIS DRESSÉ PAR UNE COMMISSION DU COMITÉ OU CHAMBRE SYNDICALE DES FILATEURS DE COTON DE LILLE

Immeubles.

Terrain . . . . fr.	40,000	"
Bâtiments pour fabrique, bureaux et magasins	155,000	"
Une maison d'habitation pour le contre-maître directeur . . .	20,000	"

Immeubles par destination.

Machine à vapeur de 30 chevaux à condensation.	18,000	"
Deux générateurs de 30 chevaux chacun, foyers et tuyaux . .	10,000	"
Transmissions de mouvement avec poulies, 16,000 k. à 85 f. les 100 k.	13,600	"
Tuyaux de chauffage en fonte.	8,000	"
Tuyaux de distribution, robinets, becs, etc., pour le gaz . . .	3,500	"
Un gazomètre et ses accessoires	10,000	"

Partie du matériel achetée en France.

4 peigneuses (Heilmann) à six têtes. . . . . , .	32,500	"
Moules pour faire les peignes	750	"
15 dévidoirs, broches comprises	1,350	"
120 pots de carde cerclés en fer (pour pots tournants,) à 8 fr. .	960	"
300 pots pour étirages, peigneuses, bancs en gros, à 4 fr. . .	1,200	"
Paniers	825	"
Courroies	1,600	"
Cordes diverses pour tambours, broches, rentrée de chariot, etc.	1,000	"
A reporter.	318,285	"

Report	318,285 »

900 bobineaux en gros avec plateaux, à 32 fr. » °/₀	288 »	
1,800 — intermédiaires tubes, à 8 50 »	155 »	
3,500 — 3ᵐᵉ passage, Id. à 7 » »	245 »	
30,000 — en fin, avec plateaux, à 12 » » 3,600 »		8,068 »
20,000 — pour continus, à 8 » » 1,600 »		
28,000 — pour bobinoirs, à 7 » » 1.960 »		
2,000 — pour métiers à gazer à 11 » » 220 »		

Une boîte à passer le fil à la vapeur, tuyaux et robinets . . . 200 »

15,000 brochettes en bois pour continus à fr. 4 » 600 »		
2,800 — bancs à broches à 7 » 196 »		1,896 »
22.000 — métiers à filer à 5 » 1,100 »		

Pour couvertures de cylindres de pression et pannes pour les
brosses . . . . . , ... 3,100 »

Rechanges de toute espèce pour machines et mécaniques . . . 3,000 »

Outillage de réparations, forge, tours , etc . . . . 3,000 »

Réservoirs pour huile à graisser et burettes . . . . 200 »

Frais de montage de toutes les machines dans l'atelier . . . . 2,600 »

Enveloppes pour transmissions et bassins. . . . . 250 »

Objets de bureau, rayons, chauffage, presses à paqueter, à copier,
tables, chaises, balances grosses et petites, poids à peser, caisse
de sureté, livres, papier, estampilles, etc. . . . . . . 2,000 »

Pièces supplémentaires pour fixer les machines, vis, fils de fer et
de cuivre, clous, etc. . . . . 400 »

Corde et ses palans pour monter les machines aux étages. . . 150 »

Petite charrette pour transporter les marchandises . . . . 200 »

Partie du matériel, achetée en Angleterre.

	Prix d'achat.	Droits de douane.	Transports et frais.	
Une ouvreuse et une batteuse. fr.	4,420 »	2,833 »	786 »	8,039 »
24 cardes de 36° avec deux hérissons et travailleurs	26,503 »	13,200 »	3,383 »	43,086 »
24 pots tournants.	2,232 »	720 »	408 »	3,360 »
24 garnitures de cardes complètes.	6,247 »	1,999 »	144 »	8,390 »
1 tambour à émeril pour l'aiguisage des chapeaux et hérissons.	1.129 »	293 »	200 «	1,622 »
6 rouleaux à éméril pour aiguiser les cardes	903 »	180 »	120 »	1,203 »
A reporter	41,434 »	19,235 »	5,041 »	409,049 »

Report . . .	41,434 "	19,235 "	5,041 "	409,049 "
1 machine à réunir, à £ 50 . .	1,255 "	351 "	159 "	1,765 "
2 basculeurs de peigneuses . .	850 "	190 "	140 "	1,180 "
2 bancs d'étirage à 4 sections de 3 têtes à £ 25 la section. . .	5,622 "	2,090 "	1,015 "	8,727 "
2 bancs à broches de 28 broches à 42 sch la broche.	2,940 "	1,400 "	707 "	5,047 "
2 bancs intermédiaires de 88 bro-ches à 24 sch. la broche . . .	5,280 "	2,209 "	1,142 "	8,631 "
2 bancs 3ᵐᵉ passage de 168 bro-ches à 17 sch. la broche. . .	7,140 "	3,055 "	1,526 "	11,721 "
4 bancs, 4ᵐᵉ passage sur-fin, de 200 broches à 13 sch. la broche.	13,000 "	6.324 "	2,983 "	22,307 "
17 métiers de 600 broches à filer les Nᵒˢ 170 anglais et au-dessus, à fr. 5,30 la broche	54,060 "	37,706 "	19,907 "	111.673 "
24 métiers continus à retordre le 170 anglais et au-dessus (300 broches) à 6 sch. 4 den. la broc.	56,880 "	18,432 "	12,858 "	88,170 "
3 bobinoirs de 200 broches) à fr. 7-50	4,500 "	1,575 "	952 "	7,027 "
5 métiers à gazer de 40 broches chacun, à fr. 12 la broche (4235 kilog.)	4,580 "	1,603 "	930 "	7.113 "
2 métiers à cylindrer le coton pour tulle, à £ 31 l'un	1,556 "	560 "	340 "	2.456 "
Prix de revient. . . fr.	199,097 "	94,720 "	43,700 "	684,866 "

[Cachet : BIBLIOTHÈQUE NATIONALE R.F.]

TABLE CHRONOLOGIQUE ET ANALYTIQUE

LILLE. IMP. CAMILLE ROBBE.

www.ingramcontent.com/pod-product-compliance
Lightning Source LLC
Chambersburg PA
CBHW061440060726

47597CB00002B/411